对接世界技能大赛技术标准创新系列教材

技工院校一体化课程教学改革模具制造专业教材

模具零件手工加工（上册）

人力资源社会保障部教材办公室　组织编写

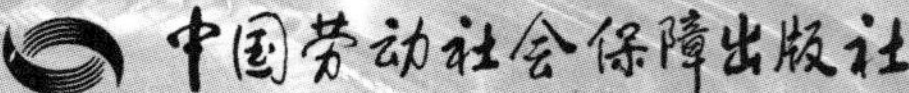

内容简介

本套教材为对接世赛标准深化一体化专业课程改革模具制造专业教材，对接世赛塑料模具工程、原型制作项目，学习目标融入世赛要求，学习内容对接世赛技能标准，考核评价方法参照世赛评分方案，并设置了世赛知识栏目。

本书主要内容包括安全生产海报制作、开瓶器制作、锤子制作、锯弓制作、划规制作、平板制作、V 形铁制作、刀口形直角尺制作、镜面六棱柱制作。

图书在版编目（CIP）数据

模具零件手工加工．上册 / 人力资源社会保障部教材办公室组织编写．-- 北京：中国劳动社会保障出版社，2021

对接世界技能大赛技术标准创新系列教材　技工院校一体化课程教学改革模具制造专业教材

ISBN 978-7-5167-3477-3

Ⅰ．①模…　Ⅱ．①人…　Ⅲ．①模具 – 零部件 – 加工 – 技工学校 – 教材　Ⅳ．①TG760.6

中国版本图书馆 CIP 数据核字（2021）第 151391 号

中国劳动社会保障出版社出版发行

（北京市惠新东街 1 号　邮政编码：100029）

*

北京市白帆印务有限公司印刷装订　　新华书店经销

880 毫米 ×1230 毫米　16 开本　14.75 印张　343 千字

2021 年 9 月第 1 版　　2025 年 5 月第 2 次印刷

定价：38.00 元

营销中心电话：400-606-6496

出版社网址：http://www.class.com.cn

http://jg.class.com.cn

对接世界技能大赛技术标准创新系列教材

编审委员会

主　任：刘　康

副主任：张　斌　王晓君　刘新昌　冯　政

委　员：王　飞　翟　涛　杨　奕　张　伟　赵庆鹏　姜华平

杜庚星　王鸿飞

模具制造专业课程改革工作小组

课 改 校：广东省机械技师学院　江苏省常州技师学院　广西机电技师学院

成都市技师学院　江苏省盐城技师学院　承德技师学院

徐州工程机械技师学院

技术指导：李克天

编　　辑：马文睿　吕滨滨

本书编审人员

主　　编：彭奇恩

参　　编：黄灿杰　谷平东　范芳武　于　懿　魏　倩　李淑宝　周仕超

主　　审：冯为远

序

世界技能大赛由世界技能组织每两年举办一届，是迄今全球地位最高、规模最大、影响力最广的职业技能竞赛，被誉为“世界技能奥林匹克”。我国于2010年加入世界技能组织，先后参加了五届世界技能大赛，累计取得36金、29银、20铜和58个优胜奖的优异成绩。第46届世界技能大赛将在我国上海举办。2019年9月，习近平总书记对我国选手在第45届世界技能大赛上取得佳绩作出重要指示，并强调，劳动者素质对一个国家、一个民族发展至关重要。技术工人队伍是支撑中国制造、中国创造的重要基础，对推动经济高质量发展具有重要作用。要健全技能人才培养、使用、评价、激励制度，大力发展技工教育，大规模开展职业技能培训，加快培养大批高素质劳动者和技术技能人才。要在全社会弘扬精益求精的工匠精神，激励广大青年走技能成才、技能报国之路。

为充分借鉴世界技能大赛先进理念、技术标准和评价体系，突出“高、精、尖、缺”导向，促进技工教育与世界先进标准接轨，完善我国技能人才培养模式，全面提升技能人才培养质量，人力资源社会保障部于2019年4月启动了世界技能大赛成果转化工作。根据成果转化工作方案，成立了由世界技能大赛中国集训基地、一体化课改学校，以及竞赛项目中国技术指导专家、企业专家、出版集团资深编辑组成的对接世界技能大赛技术标准深化专业课程改革工作小组，按照创新开发新专业、升级改造传统专业、深化一体化专业课程改革三种对接转化原则，以专业培养目标对接职业描述、专业课程对接世界技能标准、课程考核与评价对接评分方案等多种操作模式和路径，同时融入健康与安全、绿色与环保及可持续发展理念，开发与世界技能大赛项目对接的专业人才培养方案、教材及配套教学资源。首批对接19个世界技能大赛项目共12个专业的成果将于2020—2021年陆续出版，主要用于技工院校日常专业教学工作中，充分发挥世界技能大赛成果转化对技工院校技能人才的引领示范作用。在总结经验及调研的基础上选择新的对接项目，陆续启动第二批等世界技能大赛成果转化工作。

希望全国技工院校将对接世界技能大赛技术标准创新系列教材，作为深化专业课程建设、创新人才培养模式、提高人才培养质量的重要抓手，进一步推动教学改革，坚持高端引领，促进内涵发展，提升办学质量，为加快培养高水平的技能人才作出新的更大贡献！

2020年11月

目　　录

学习任务一　安全生产海报制作

学习目标

1. 能按世赛标准穿戴劳动保护用品。
2. 能按世赛标准摆放工具、量具。
3. 掌握职业健康知识。
4. 能应对现场突发事故。
5. 能通过各种渠道获取零件手工加工工作环境的有关资料。
6. 通过参观生产车间及观看视频，了解设备、工具、量具的名称和功能。
7. 熟知手工加工生产车间安全文明生产管理制度。
8. 能区别安全标识的含义。
9. 能设计制作安全生产海报。
10. 能与他人合作，进行有效沟通，了解有效沟通、团队合作的重要性。
11. 能积极主动展示、汇报工作成果，对学习和工作过程中出现的问题进行反思和总结，优化方案和策略，具备知识迁移能力。

建议学时

20 学时

学习任务描述

某模具企业因发展需要，新招聘 30 名手工加工岗位模具工，为了尽快使他们了解本企业安全生产知识、建立安全生产意识，生产车间主管安排他们对此类知识进行学习。

模具工从生产车间主管处接受工作任务，阅读任务单，完成手工加工工作场地的环境要素、设备管理要求以及职业健康、世赛安全生产规范等内容的学习，养成正确穿戴工装和劳动保护用品的良好习惯，学会按照现场管理制度清理场地、归置物品，学会应对现场突发事故。要求按照规定时间完成上述培训，为下一步训练手工加工技能奠定基础。

学习工作流程

学习活动 1　认知安全规范与职业健康

学习活动 2　认知手工加工设备、工具、量具、工作内容、安全规章制度

学习活动 3　安全生产海报的设计制作和展示评价

学习活动1 认知安全规范与职业健康

学习目标

1. 能按世赛标准穿戴劳动保护用品。
2. 能按世赛标准摆放工具、量具。
3. 掌握职业健康知识。
4. 能区别安全标识的含义。
5. 能应对现场突发事故。

学习过程

1．利用网络搜索世界技能大赛职业健康、安全规范及相关认证体系的知识内容，将对职业健康、安全规范的认识写在下面。

2．参观生产车间或观看世赛视频，识别表 1–1–1 中常用的劳动保护用品，并填写其名称与用途。

表 1–1–1　　劳动保护用品

图示	名称	用途
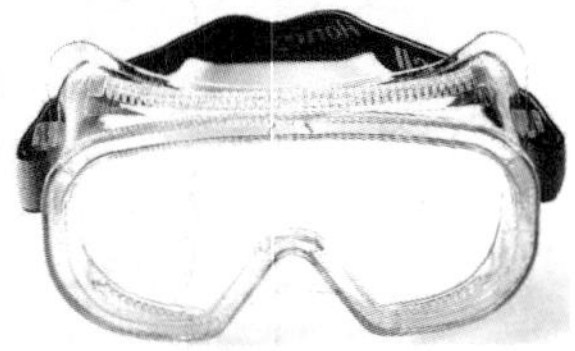		
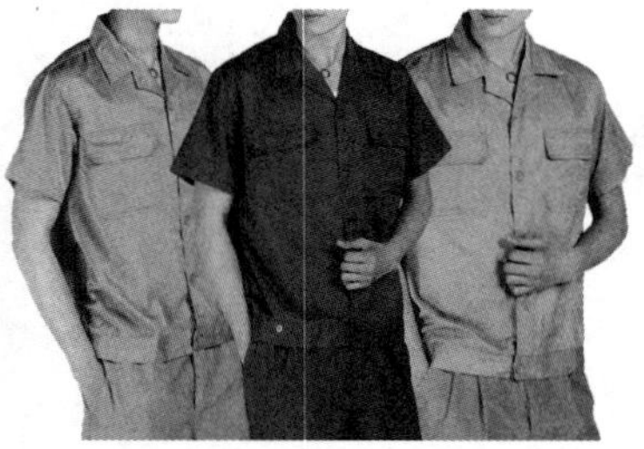		
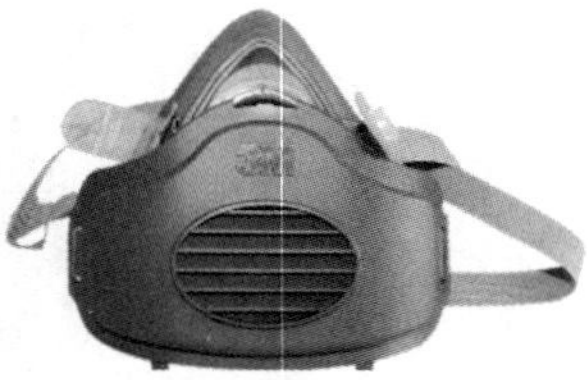		

续表

图示	名称	用途

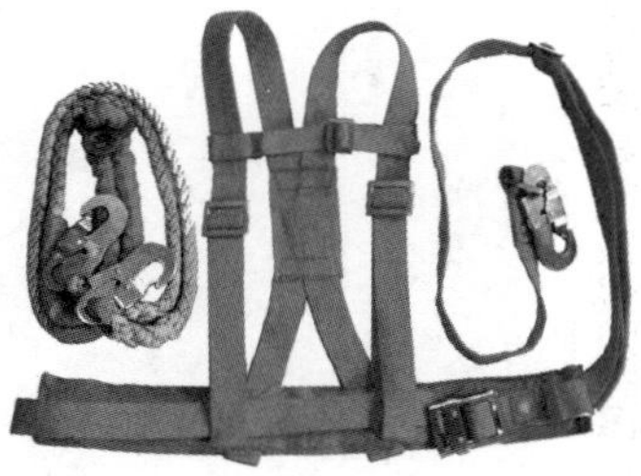		

3．参观生产车间或观看世赛视频，识别表 1–1–2 中的加工场所，并填写其名称及工具、量具摆放的要求。

表 1–1–2　　世赛标准下的工具、量具摆放及生产车间布局

加工场所图示	加工场所名称	工具、量具摆放的要求

续表

加工场所图示	加工场所名称	工具、量具摆放的要求
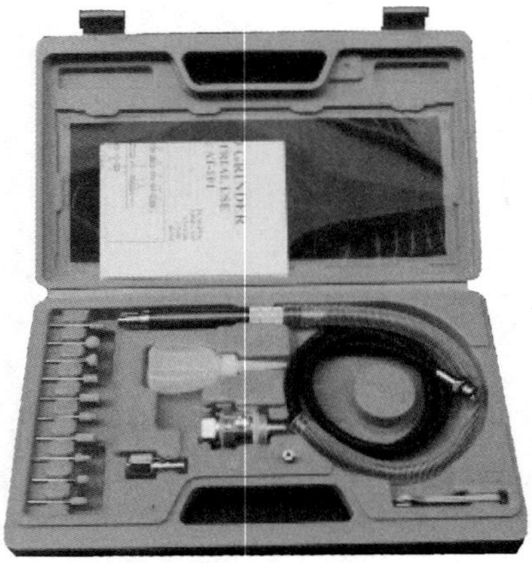 		
 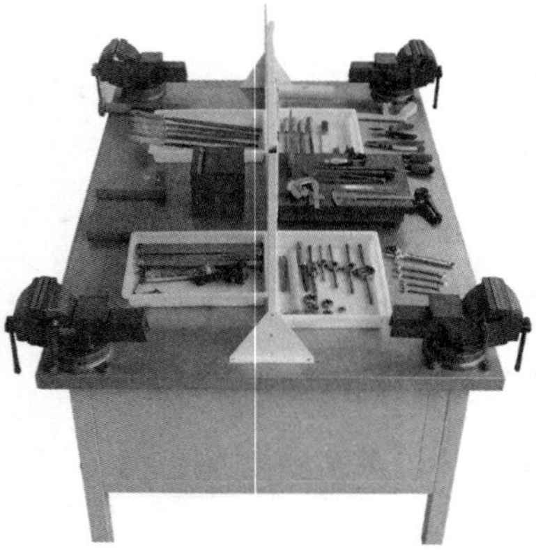		

续表

加工场所图示	加工场所名称	工具、量具摆放的要求
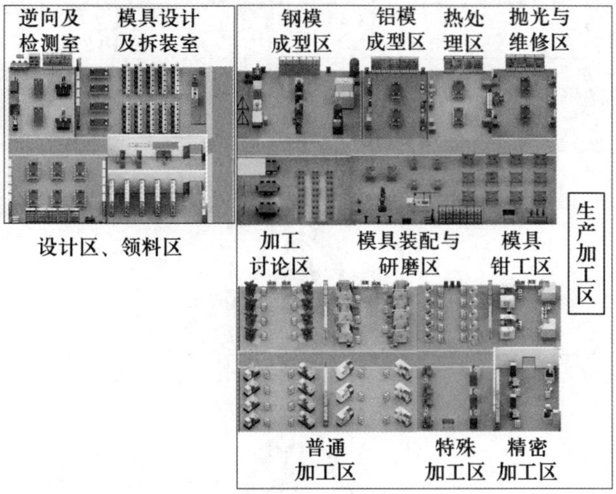 逆向及检测室　模具设计及拆装室　设计区、领料区 钢模成型区　铝模成型区　热处理区　抛光与维修区 加工讨论区　模具装配与研磨区　模具钳工区　生产加工区 普通加工区　特殊加工区　精密加工区		

4．请认真查阅“职业健康与安全规范”的有关内容，完成表 1–1–3 的知识问答。

表 1–1–3　知识问答

问题	答案
什么是职业病	
职业病危害因素有哪几类	
劳动者享有的职业卫生保护权利有哪些	

5．参观生产车间或观看世赛视频，识别表 1–1–4 中的图形符号，并填写其含义和设置地点。

表 1–1–4　工作场所职业病危害警示标识与指令标识

工作场所职业病危害警示标识					
图形符号	符号含义与设置地点	图形符号	符号含义与设置地点	图形符号	符号含义与设置地点

工作场所指令标识					
图形符号	符号含义与设置地点	图形符号	符号含义与设置地点	图形符号	符号含义与设置地点

6．查阅相关资料或者观看视频，将常见安全生产突发事故的急救处理措施填写在表 1–1–5 中。

表 1–1–5　　常见安全生产突发事故的急救处理措施

常见突发事故	急救处理措施
触电事故	
烧伤、灼伤事故	
挤压伤事故	

学习活动 2　认知手工加工设备、工具、量具、工作内容、安全规章制度

学习目标

1. 能说出手工加工场地的设备名称，并了解其功能。

2. 能说出常用手工加工方法的安全操作规程和手工加工场地的文明生产规定。

3. 认识手工加工的工作内容。

学习过程

1．参观生产车间或观看加工视频，并查阅相关资料，写出表 1–2–1、表 1–2–2 中设备、工具、量具的名称及用途。

表 1–2–1　　设　备

图示	名称及用途

续表

图示	名称及用途
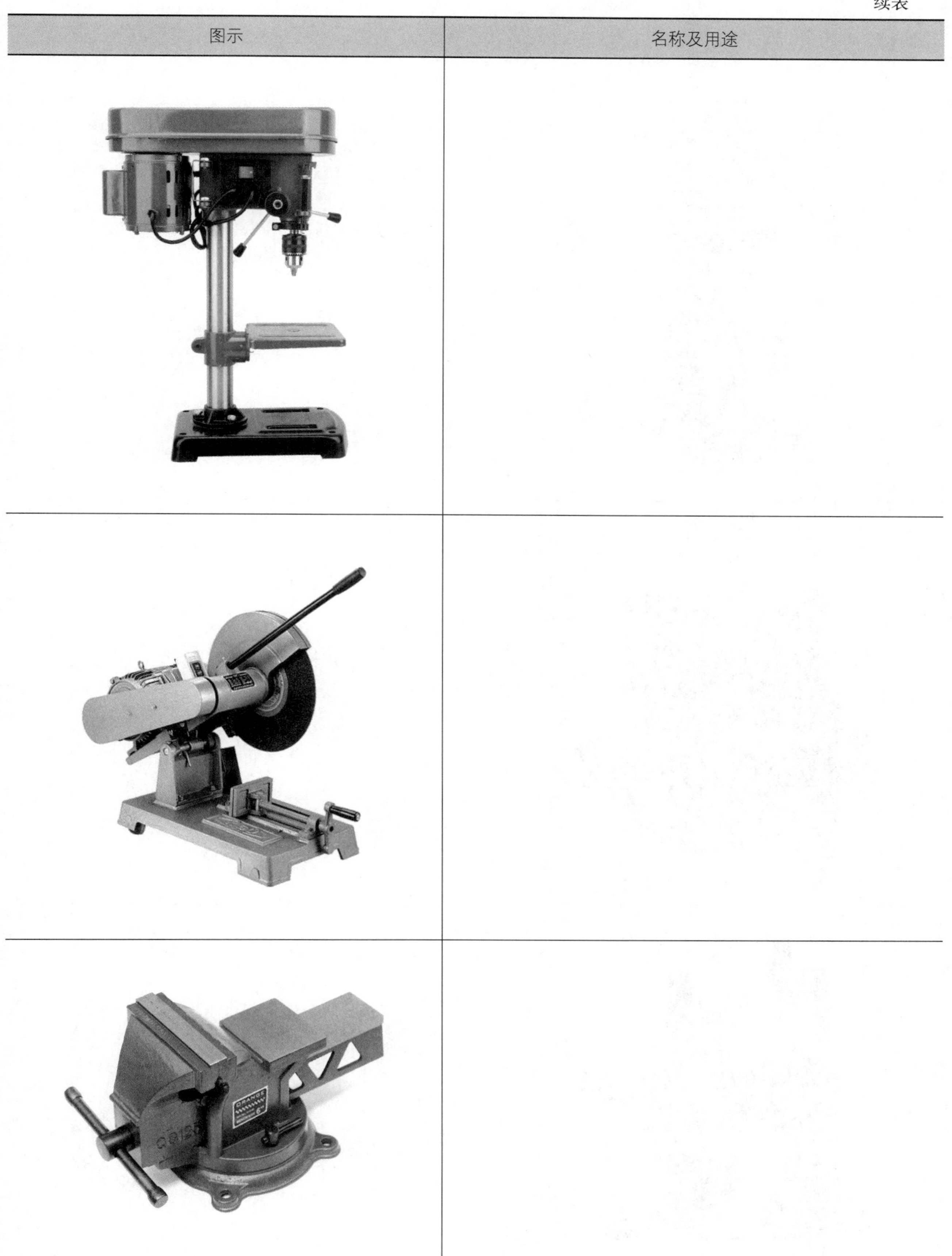	

续表

图示	名称及用途

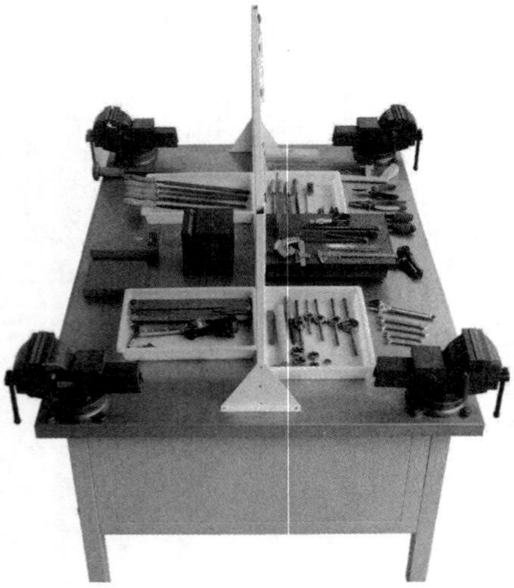	
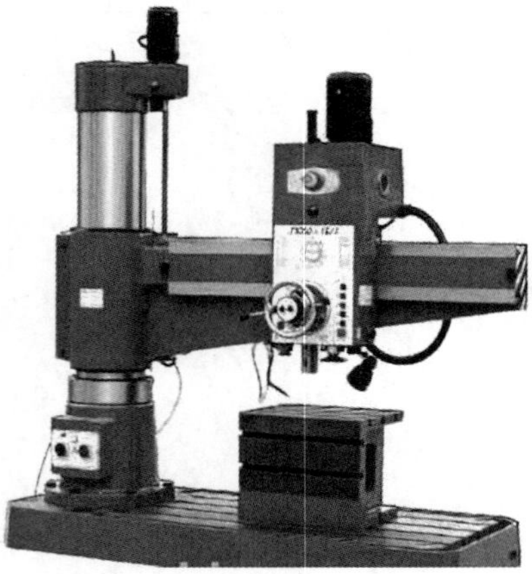	

续表

图示	名称及用途

表 1-2-2　　工具、量具

图示	名称及用途

续表

图示	名称及用途

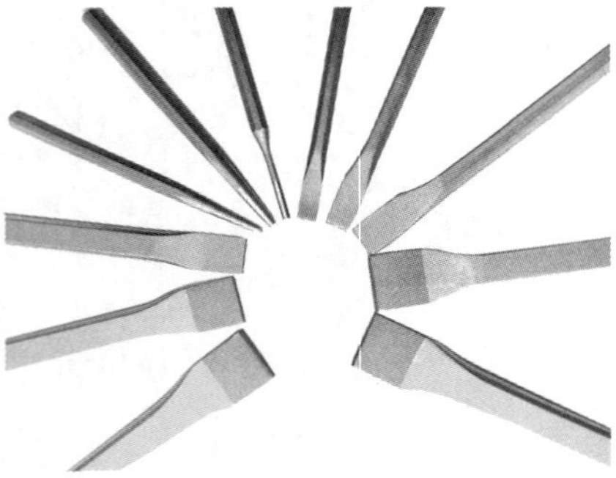	

续表

图示	名称及用途

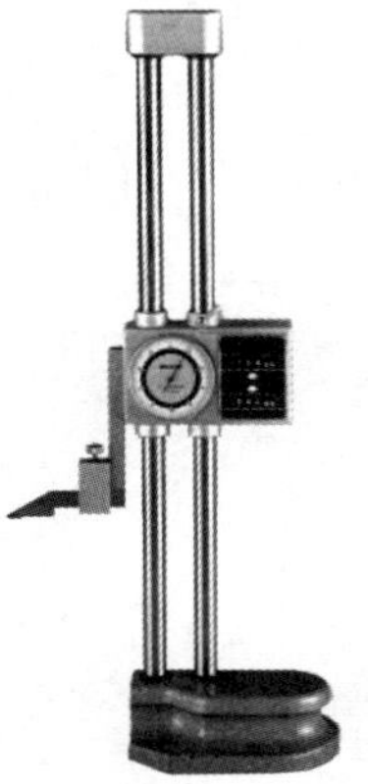	

续表

图示	名称及用途
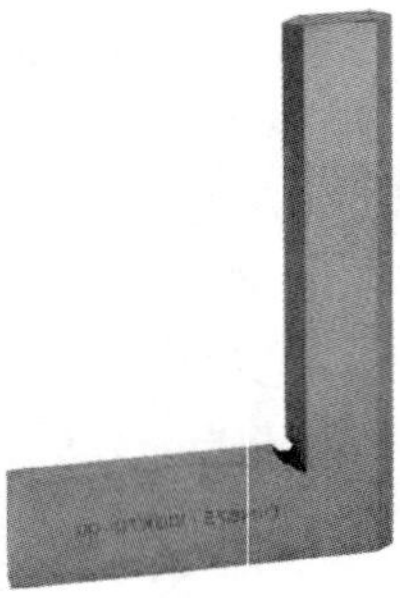	
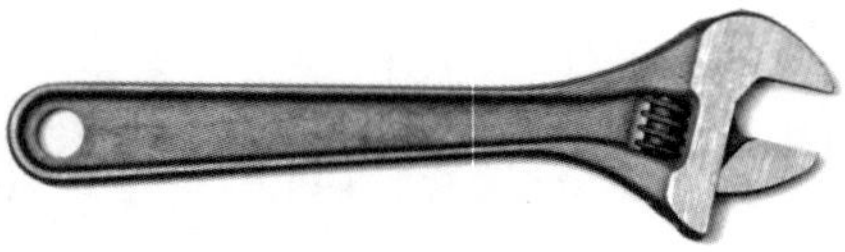	

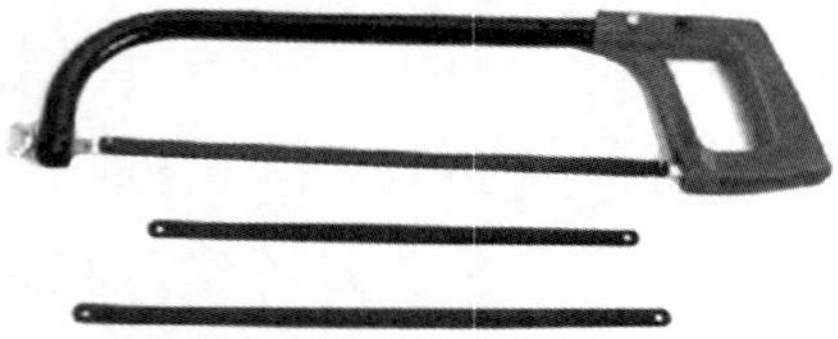	
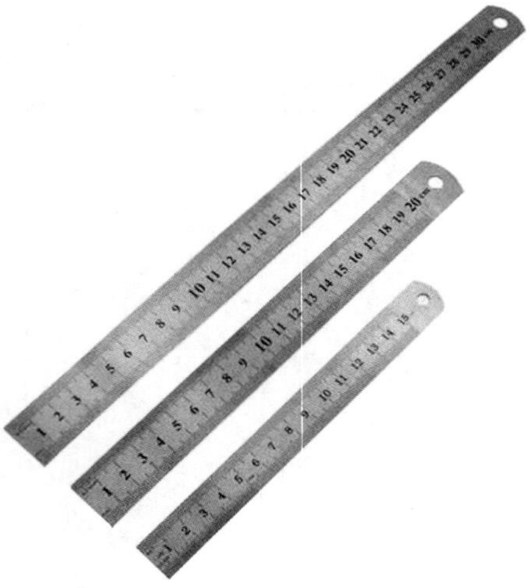	

续表

图示	名称及用途

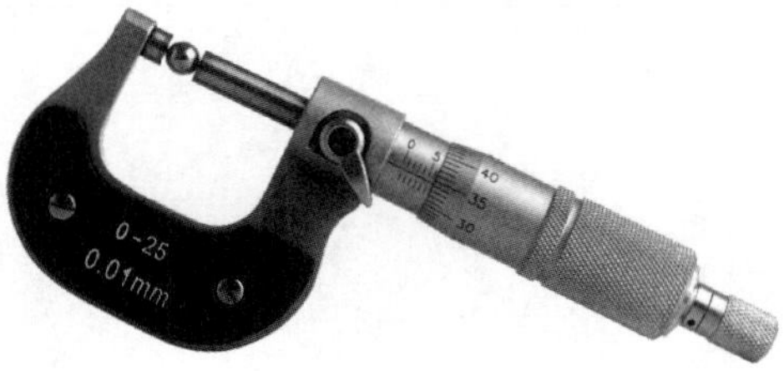	
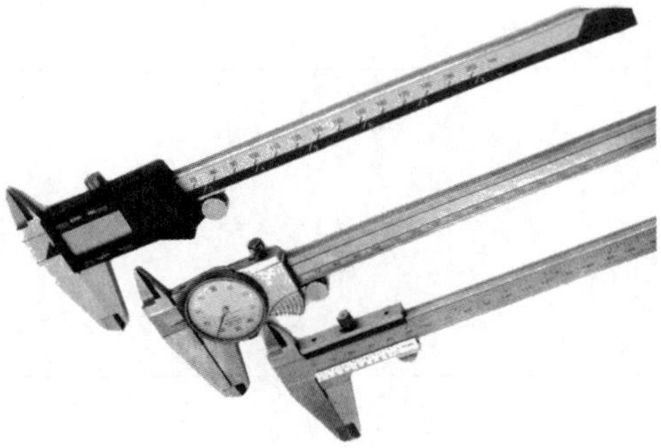	

2. 将划线、錾削、锯削、锉削、钻孔、扩孔、攻螺纹与套螺纹、刮削、研磨、装配等工作内容填写在表 1–2–3 中。

表 1–2–3　　操作项目的工作内容

操作项目	工作内容
划线	
錾削	
锯削	
锉削	
钻孔	
扩孔	
攻螺纹与套螺纹	

续表

操作项目	工作内容
刮削	
研磨	
装配	

3．生产车间的安全规章制度有哪些？利用网络检索常见的安全生产事故和问题，与同学讨论这些典型事故发生的原因及改进方法。

学习活动 3　安全生产海报的设计制作和展示评价

学习目标

1. 能设计制作安全生产海报。

2. 树立严格遵守安全规章制度的意识，能规范穿戴劳动保护用品。

3. 能与他人合作，进行有效沟通，了解有效沟通、团队合作的重要性。

4. 能积极主动展示、汇报工作成果，对学习和工作过程中出现的问题进行反思和总结，优化方案和策略，具备知识迁移能力。

学习过程

通过安全生产海报的制作，可以使学生学习和了解各种安全法律知识、安全生产管理制度及各工种安全操作规程，强化学生的安全责任意识，使其能自觉遵守有关规定，严格执行操作规程。同时，也可以充分发挥学生的想象力和团队合作精神。

为进一步树立严格遵守安全规章制度的意识，请同学们自愿结组，以小组为单位选择一个安全生产主题，在小组长的带领下，通过集体讨论，以分工合作的方式运用集体智慧制作一张生产车间安全教育海报，并以小组为单位进行展示。

1．查阅相关资料，总结海报设计的步骤和具体要素。

2．查阅相关资料，总结海报设计的原则。

3．安全生产海报制作完成后，组员分别设计并展示解说词，经组内评价后推荐代表对本小组的作品进行展示和介绍，请在下面填写设计的解说词。

4．在安全生产海报展示的过程中，以小组为单位进行评价。评价完成后，归纳总结其他组成员对本组展示成果的评价意见。

5．教师对各小组展示的作品进行评价，指出整个任务完成过程中的亮点和不足。

6．如果需要再次制作安全生产海报，应该做哪些方面的改进?

评价与分析

学习任务一评价表

<table>
<tr><th rowspan="3">项目</th><th colspan="3">自我评价</th><th colspan="3">小组评价</th><th colspan="3">教师评价</th></tr>
<tr><th>10 ~ 9</th><th>8 ~ 6</th><th>5 ~ 1</th><th>10 ~ 9</th><th>8 ~ 6</th><th>5 ~ 1</th><th>10 ~ 9</th><th>8 ~ 6</th><th>5 ~ 1</th></tr>
<tr><th colspan="3">占总评 10%</th><th colspan="3">占总评 30%</th><th colspan="3">占总评 60%</th></tr>
<tr><td>学习活动 1</td><td></td><td></td><td></td><td></td><td></td><td></td><td></td><td></td><td></td></tr>
<tr><td>学习活动 2</td><td></td><td></td><td></td><td></td><td></td><td></td><td></td><td></td><td></td></tr>
<tr><td>学习活动 3</td><td></td><td></td><td></td><td></td><td></td><td></td><td></td><td></td><td></td></tr>
<tr><td>协作精神</td><td></td><td></td><td></td><td></td><td></td><td></td><td></td><td></td><td></td></tr>
<tr><td>纪律观念</td><td></td><td></td><td></td><td></td><td></td><td></td><td></td><td></td><td></td></tr>
<tr><td>表达能力</td><td></td><td></td><td></td><td></td><td></td><td></td><td></td><td></td><td></td></tr>
<tr><td>工作态度</td><td></td><td></td><td></td><td></td><td></td><td></td><td></td><td></td><td></td></tr>
<tr><td>任务总体表现</td><td></td><td></td><td></td><td></td><td></td><td></td><td></td><td></td><td></td></tr>
<tr><td>小计</td><td colspan="3"></td><td colspan="3"></td><td colspan="3"></td></tr>
<tr><td>总评</td><td colspan="9"></td></tr>
</table>

任课教师：　　　　　　　　年　　月　　日

世赛知识

世界技能大赛是迄今全球地位最高、规模最大、影响力最广的职业技能竞赛，被誉为“世界技能奥林匹克”，其竞技水平代表了世界职业技能发展的先进水平，是世界技能组织成员展示和交流职业技能的重要平台。世界技能大赛由世界技能组织举办，每两年一届。第 46 届世界技能大赛将于 2022 年 10 月在中国上海市举行，参赛项目有运输与物流、结构和建筑技术、制造与工程技术、信息与通信技术、创意艺术与时尚、社会与个人服务业等 6 个大类，共计 60 多个项目，参加的国家和地区达 72 个。

2011 年 10 月，第 41 届世界技能大赛在英国伦敦举行，中国代表团首次参加此项赛事，取得了 1 银、5 个优胜奖的成绩。

2013 年在德国莱比锡举办的第 42 届世界技能大赛中，中国代表团第二次参赛，共有 26 名选手参加其中 22 个项目的比赛，最终获得了 1 银、3 铜和 13 个优胜奖。

2015 年是中国代表团第三次参赛，这次中国队首次夺金。本次大赛于 8 月 11 日至 16 日在巴西圣保罗举行，中国共派出 32 名选手参与大赛 29 个项目的角逐，中国代表团战绩不俗，获得了 5 金、6 银、4 铜和 11 个优胜奖。

第 44 届世界技能大赛于 2017 年 10 月在阿联酋阿布扎比举行，中国代表团 52 名选手在 47 个项目的比赛中取得了 15 枚金牌、7 枚银牌、8 枚铜牌和 12 个优胜奖的优异成绩，位列奖牌榜第一。

第 45 届世界技能大赛于 2019 年 8 月在俄罗斯喀山举行，中国 63 名年轻工匠参加了 56 个项目的竞技，获得了 16 枚金牌、14 枚银牌、5 枚铜牌和 17 个优胜奖，蝉联奖牌榜第一。

学习任务二　开瓶器制作

学习目标

1. 能通过各种渠道获取信息，并主动咨询信息的可靠性，表述出所调研对象的材料、价格、形状、功能信息。

2. 能绘制零件草图。

3. 能在毛坯上利用划线工具描绘出加工界线。

4. 能正确维护工具，并确保它们处于最佳工作状态。

5. 能正确使用常用设备工具（台钻、手锯、錾子）去除工件余料。

6. 能正确使用台虎钳装夹工件。

7. 能识别锉刀的种类、规格及使用特点，并正确选用锉刀加工不同轮廓形状。

8. 能正确使用砂布对工件进行抛光。

9. 能对台虎钳、锉刀、台钻进行维护保养。

10. 能按现场管理的要求进行清理工作。

11. 能遵守安全文明生产规范，并逐步养成安全文明生产的习惯。

12. 能与班组长、工具管理员等相关人员进行有效沟通与合作，了解有效沟通、团队合作的重要性。

13. 能积极主动展示、汇报工作成果，对学习和工作过程中出现的问题进行反思和总结，优化方案和策略，具备知识迁移能力。

建议学时

20 学时

学习任务描述

某模具企业手工加工部接到订单，要求设计并制作一款开瓶器，要求开瓶器除具有基本的开酒瓶、饮料瓶的实用功能外，还能够挂在钥匙圈上作装饰品，造型要精美独特。经生产车间主管分析其使用特点和加工工艺后，考虑到是小批量生产，决定该生产任务由模具工通过手工加工方法来完成。

模具工从生产车间主管处接受工作任务，阅读任务单，制订工作计划并经师傅审核后，在师傅的指导下设计开瓶器图样和制订加工工艺卡。明确开瓶器加工技术要求，根据工艺卡领取材料，准备相应的工具、量具，做好准备工作。加工流程：划开瓶器轮廓线→钻削去除封闭材料→錾削去除多余材料→锯削去除多余材料→锉削达到尺寸要求。在工期内按照要求加工开瓶器，加工完成后自检并交质检员检验，合格后交付使用。在工作过程中遵循现场工作管理规定。

学习工作流程

学习活动 1　接受任务单，明确工作要求

学习活动 2　设计开瓶器并绘制零件图

学习活动 3　制订开瓶器的加工方法和步骤

学习活动 4　制作开瓶器

学习活动 5　成果展示、工作总结与评价

学习活动1　接受任务单，明确工作要求

学习目标

1. 能通过网络、市场调研等各种渠道获取开瓶器的相关信息，并主动咨询信息的可靠性。

2. 能表述出所获取的开瓶器的材料、价格、形状和功能信息。

3. 能绘制零件草图。

学习过程

开瓶器除具有最基本的开启酒瓶、饮料瓶的功能外，还具有许多其他的功能，如装饰、广告功能等，其所用材料、形状等也不尽相同。图 2–1–1 所示为各种类型的开瓶器。

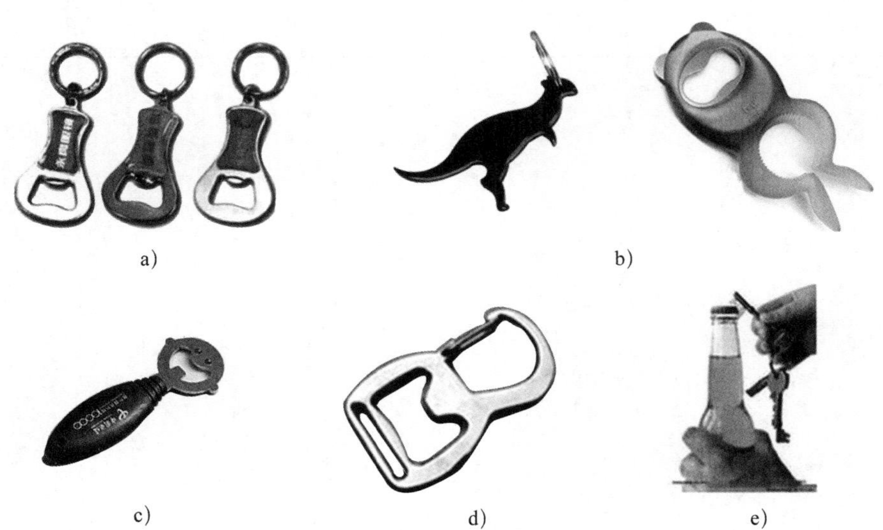

a)　b)　c)　d)　e)

图 2–1–1　各种类型的开瓶器

a）带企业广告的开瓶器　b）各种动物图样的开瓶器　c）卡通造型塑料手柄开瓶器　d）可随身携带的开瓶器　e）钥匙形开瓶器

接受开瓶器制作任务单，针对开瓶器的功能、制造材料、价格、形状等信息进行调研，并完成如下项目。

1．请从收集到的开瓶器实例图片中，选取几个典型图例贴在下方，并写出其主要功能。

实例图片：

功能：＿＿＿＿＿＿＿＿＿＿＿＿＿＿＿＿＿＿＿＿＿＿＿＿＿＿＿＿＿＿

实例图片：

功能：＿＿＿＿＿＿＿＿＿＿＿＿＿＿＿＿＿＿＿＿＿＿＿＿＿＿＿＿＿＿

实例图片：

功能：＿＿＿＿＿＿＿＿＿＿＿＿＿＿＿＿＿＿＿＿＿＿＿＿＿＿＿＿＿＿

实例图片：

功能：____

2．用于制作开瓶器的材料有哪些？可以分为哪几类？

3．不同材料制成的开瓶器其价格是否相同？哪种材料制作的开瓶器价格较高？

4．在下面方框中绘制收集到的开瓶器的草图。

学习活动 2　设计开瓶器并绘制零件图

学习目标

1. 领会机械制图图样的概念。
2. 能解释技术图样和规格。
3. 能徒手临摹或使用绘图工具绘制开瓶器图样。
4. 能与他人协作沟通，进行开瓶器的创新设计。

学习过程

1．请同学们自愿结组，以小组为单位整理、分析收集到的开瓶器信息，进行开瓶器的设计，并在下面的方框内绘制出设计好的开瓶器图样，标出开瓶器的长、宽、高等尺寸信息。

2．查阅相关资料，明确拟选用的开瓶器材料，并写出选择这种材料的理由。

3．试根据所用材料的市场价格，粗略估算毛坯的成本。

4．新设计开发的开瓶器与市场购买的开瓶器有哪些区别？具有什么特色？

学习活动3　制订开瓶器的加工方法和步骤

学习目标

1. 能按照设计要求，领取坯料并检验坯料的完整性。
2. 能通过小组讨论制订加工方案。
3. 能根据工作计划选择和配置最合适的工具。
4. 能正确维护工具并确保其处于最佳工作状态。
5. 能按现场管理的要求规范放置工具、量具。

学习过程

1．分组讨论加工方案，确定加工开瓶器的实施步骤。

第一步：

第二步：

第三步：

第四步：

第五步：

第六步：

2．根据小组讨论确定的加工方案，在表 2-3-1 中列出本次任务所需要的工具、量具的名称及规格。

表 2-3-1　本次任务所需要的工具、量具的名称及规格

序号	名称	规格

3．根据小组讨论确定的加工方案，领取毛坯。

（1）根据设计的开瓶器图样轮廓尺寸，确定开瓶器的最小毛坯尺寸。

（2）领取的毛坯外形尺寸是否满足制作要求？加工余量应是多少？

（3）领取的毛坯材料是否为计划选用的材料？试查阅相关资料列出该类材料具有的性能。除可用于制作开瓶器外，这类材料还有哪些用途？

4．根据工作计划选择和配置最合适的工具。

（1）查阅相关资料或咨询教师，了解领取工具、量具时应遵循的规定，并按规定领取工具、量具。

（2）领取的工具、量具规格是否能满足加工需要?

（3）结合图 2–3–1，想一想工作服应该如何穿戴，工具、量具摆放的管理规范有哪些，如何维护保养工具、量具才能确保它们处于最佳工作状态?

a）

b）

c）

图 2–3–1　工作服穿戴与工具、量具的摆放

a）穿好工作服　b）女工戴好工作帽　c）钳工工作台摆放整齐

学习活动4　制作开瓶器

学习目标

1. 能在毛坯上利用划线工具根据样板描绘出开瓶器的轮廓。

2. 能正确使用常用设备工具（台钻、手锯、錾子）去除工件余料。

3. 能正确使用台虎钳装夹工件。

4. 能识别锉刀的种类、规格及使用特点。

5. 能正确选用锉刀加工不同轮廓形状。

6. 能正确使用砂布对工件进行抛光。

7. 能对台虎钳、锉刀、台钻进行维护保养，能按行业标准要求清理现场。

8. 在工作地点能有效地遵循所有现行的健康和安全规则。

9. 在工作环境中能积极推广健康和安全的最佳做法。

10. 能与班组长、工具管理员等相关人员进行有效沟通与合作，了解有效沟通、团队合作的重要性。

学习过程

1．划线

（1）为保证加工出符合设计要求的开瓶器，要先利用划线工具根据样板在毛坯上描绘出开瓶器的轮廓作为加工界线。划线的方法有很多，针对本次任务中开瓶器的制作应该选用哪种划线方法？如何保证划线的准确性？

（2）用记号笔或划针在毛坯上划线后，可以采用什么方法检查划线的正确性?

2．去除余料

（1）去除主要加工余量

1）用划线工具划出开瓶器的加工界线后，用钻削、錾削、锯削等方法去除余料。拟选用哪几种方法去除主要加工余量？并写出理由。

2）在手工操作中，有时需要用打排孔的方法去除板料内部封闭、半封闭部分的余料。本任务如果选用钻床钻削排孔的方法去除余料，应如何装夹工件？在操作钻床的过程中应注意哪些安全问题?

3）用锤子敲击錾子对金属工件进行切削的加工方法称为錾削。回顾观看过的视频或咨询教师，并结合图 2-4-1、图 2-4-2，想一想錾削时錾子的正确握法和挥锤的正确方法分别是什么？工件应如何放置？

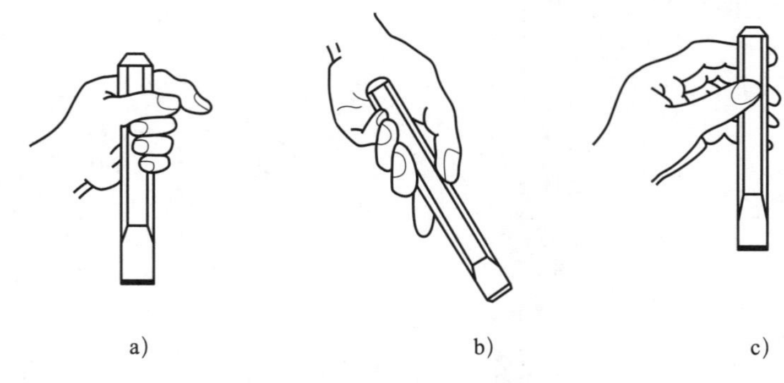

图 2-4-1　錾子的握法

a）正握法　b）反握法　c）立握法

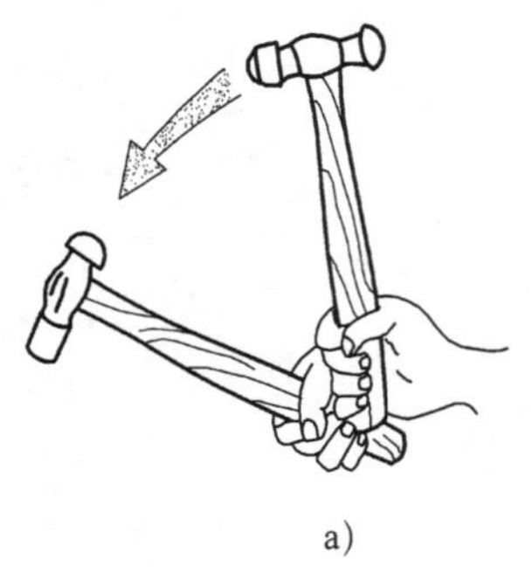

图 2-4-2　挥锤方法

4）錾削加工过程中，如果不按规范操作可能会砸伤手，如果手不小心被砸伤，应该如何处理？可以采取哪些有效措施避免此类安全事故的发生？

5）锯削时，应如何选择和安装锯条？

6）锯削工件时，应如何放置或夹持工件？请查阅相关资料或咨询教师，获得正确的操作方法，并记录下来。

（2）锉削

1）为了使开瓶器的轮廓尺寸符合设计尺寸要求，并提高其表面质量，需要对其表面进行锉削，即用锉刀对工件表面进行切削加工。锉刀按断面形状不同，分为平锉、方锉、三角锉、半圆锉、圆锉、菱形锉等，以适用于不同形状表面的加工，如图 2–4–3 所示。开瓶器的锉削应该选择哪几种锉刀？分别用于加工开瓶器的哪些部位？

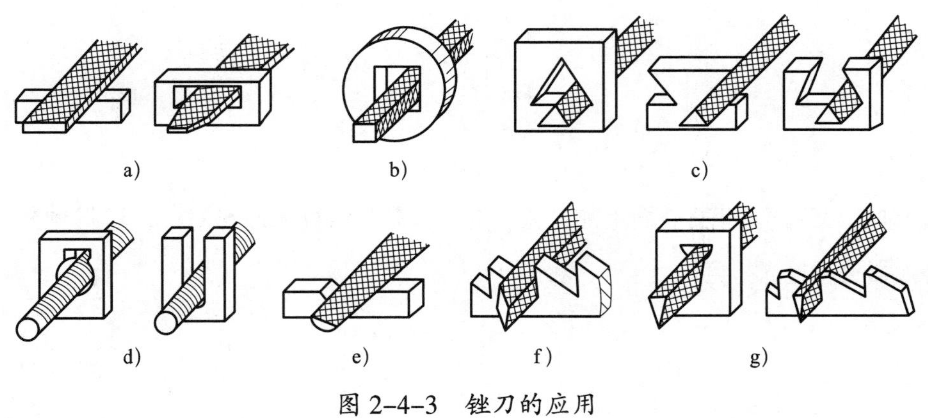

图 2–4–3　锉刀的应用

2）工件的加工面积不同、加工余量不同、加工精度不同，所需的锉刀规格也不相同。请查阅相关资料，总结锉刀的规格。锉削开瓶器应该选择什么规格的锉刀？

3）锉削时常用台虎钳装夹工件，而工件装夹是否正确直接影响锉削质量。请查阅相关资料，总结出用台虎钳装夹工件应符合哪些要求。

4）在使用锉刀锉削平面和圆弧面时，如何达到理想的平整度？如果未达到应如何改进？

（3）抛光

1）抛光砂布的规格是如何定义的？常用抛光砂布的型号有哪些？

2）为了使锉削加工后的开瓶器表面更加光亮、美观，需要用抛光砂布对工件进行抛光打磨，应如何使用抛光砂布对开瓶器进行抛光打磨？

3．按“6S”管理规范清理工作现场、归置物品

开瓶器制作完成后，请按照现场管理规范要求，保养工具、量具，清理现场，合理归置物品，并回答以下问题。

（1）查阅相关资料，在表 2–4–1 中写出“6S”管理规范的含义和目的。

表 2–4–1　“6S”管理规范的含义和目的

序号	名称	含义	目的
1	整理		
2	整顿		
3	清扫		
4	清洁		
5	素养		
6	安全		

（2）查阅相关资料或咨询教师，检查对钻床所做的维护保养工作是否到位。

（3）查阅相关资料或咨询教师，说明应如何做好台虎钳的清洁保养工作。

（4）合理使用和保养锉刀可以延长其使用期限，避免因为使用和保养不当而使其过早损坏，那么应如何正确保养和使用锉刀呢?

学习活动5　成果展示、工作总结与评价

学习目标

1. 能自信地展示自己的作品，讲述作品的特点。

2. 能虚心听取他人的建议，并加以改进。

3. 能积极主动展示、汇报工作成果，对学习和工作过程中出现的问题进行反思和总结，优化方案和策略，具备知识迁移能力。

学习过程

1．检查并测试制作的开瓶器是否满足设计要求，是否存在质量缺陷，并完成以下题目。

（1）一般来说，开瓶器会存在哪些质量缺陷?

（2）造成开瓶器质量缺陷的原因是什么?

（3）如果再次接到相似的任务，在加工过程中应注意哪些问题?

2．进行有效沟通与合作。以小组为单位通过展示板、视频资料等形式充分展示制作好的开瓶器，并推荐代表从实用性、新颖性、文化理念和时尚感等几个方面对作品进行解说。请简要列出设计的解说词。

（1）实用性

（2）新颖性

（3）文化理念

（4）时尚感

3．其他小组展示的开瓶器中，你最喜欢哪个小组的作品？试对其进行评价。

4．看过其他小组展示的设计方案后，对自己的设计方案有哪些新的想法？

5．听取了他人的设计创意和经验后，计划对原开瓶器图样做哪些方面的改进？请在下面方框中画出重新设计后的开瓶器图样。

6．通过制作开瓶器，试归纳总结在手工技术、安全操作规范、团队合作与创新等方面的收获和体会。

7．查阅相关资料并总结各种去除余料的加工方法（錾削、锯削、钻削、锉削）的适用场合。

评价与分析

学习任务二评价表

项目	自我评价			小组评价			教师评价		
	10 ~ 9	8 ~ 6	5 ~ 1	10 ~ 9	8 ~ 6	5 ~ 1	10 ~ 9	8 ~ 6	5 ~ 1
	占总评 10%			占总评 30%			占总评 60%		
学习活动 1									
学习活动 2									
学习活动 3									
学习活动 4									
学习活动 5									
协作精神									
纪律观念									
表达能力									
工作态度									
任务总体表现									
小计									
总评									

任课教师：　　　　　　　　年　　月　　日

世赛知识

塑料模具工程项目是指依据图样或草图，设计制造金属模具，生产塑料部件的竞赛项目。比赛中对选手的技能要求主要包括：根据提供的塑料制件图样，进行模具 CAD 设计、CAM 数控加工；使用加工中心对模具进行加工；使用手工工具对模具进行抛光；完成模具的装配与调试。参赛选手 1 名，要求年龄小于 22 岁。

世界技能大赛塑料模具项目评分标准

项目	标准	分值		
		主观项	客观项	合计
A	注塑件	20	30	50
B	机加工件	5	25	30
C	注塑过程	—	10	10
D	制图与报告	5	5	10
合计		30	70	100

比赛时间安排：（1）设计 1.5 h；（2）编程 1 h；（3）数控加工 2 h（不能修改程序）；（4）钳工 1.25 h；（5）数控加工 2.5 h（不能修改程序）；（6）钳工 1.75 h；（7）模具 2 h。合计 12 h。

学习任务三　锤子制作

学习目标

1. 能有效遵循所有现行的健康和安全规则。

2. 能说出手工加工场地的设备，严格遵守手工加工场地安全规章制度，按要求规范穿戴劳动保护用品。

3. 能看懂图样，根据毛坯分析出所需去除的余量。

4. 能查阅相关资料，解释常用材料牌号的含义。

5. 能与同学、队友、其他专业人士进行有效沟通与合作。

6. 能正确选用和使用划线工具与辅具。

7. 能根据材料要求刃磨錾削工具，并正确使用工具完成表面加工。

8. 能根据加工材料、加工条件选用锯条，并正确安装、使用锯削工具去除多余材料。

9. 能根据加工材料、加工条件选用锉刀，并正确安装、使用锉削工具去除多余材料。

10. 能根据加工要求合理选择麻花钻，并安全操作钻床完成钻孔加工。

11. 能正确使用游标卡尺、刀口形直尺、刀口形直角尺进行零件检测，并按要求对量具进行日常保养。

12. 能正确维护工具并确保其处于最佳工作状态。

13. 能根据检测结果与图样进行比较，判断零件是否合格。

14. 能编制简单零件的热处理工艺。

15. 能根据现场管理规范要求，清理场地，归置物品。

16. 能按环保要求处理废弃物。

17. 能积极主动展示、汇报工作成果，对学习和工作过程中出现的问题进行反思和总结，优化方案和策略，具备知识迁移能力。

建议学时

30 学时

学习任务描述

某生产车间需要加工一把锤子，如图 3–0–1 所示。经生产车间主管分析其使用特点和加工工艺后，考虑到是单件生产，决定该生产任务由模具工通过手工加工方法来完成。

模具工从生产车间主管处接受工作任务，阅读任务单，制订工作计划并经师傅审核后，在师傅的指导下识读锤子零件图样和制订加工工艺卡。明确锤子加工技术要求，根据工艺卡领取材料，准备相应工具、量具，做好准备工作。加工流程：锤子划线→錾削锤子表面→锯去锤子表面多余材料→锉削锤子表面并成形→加工锤子手柄安装孔→锤子表面处理。在工期内按照要求加工锤子，加工完成后自检并交质检员检验，合格后交付使用。在工作过程中遵循现场工作管理规定。

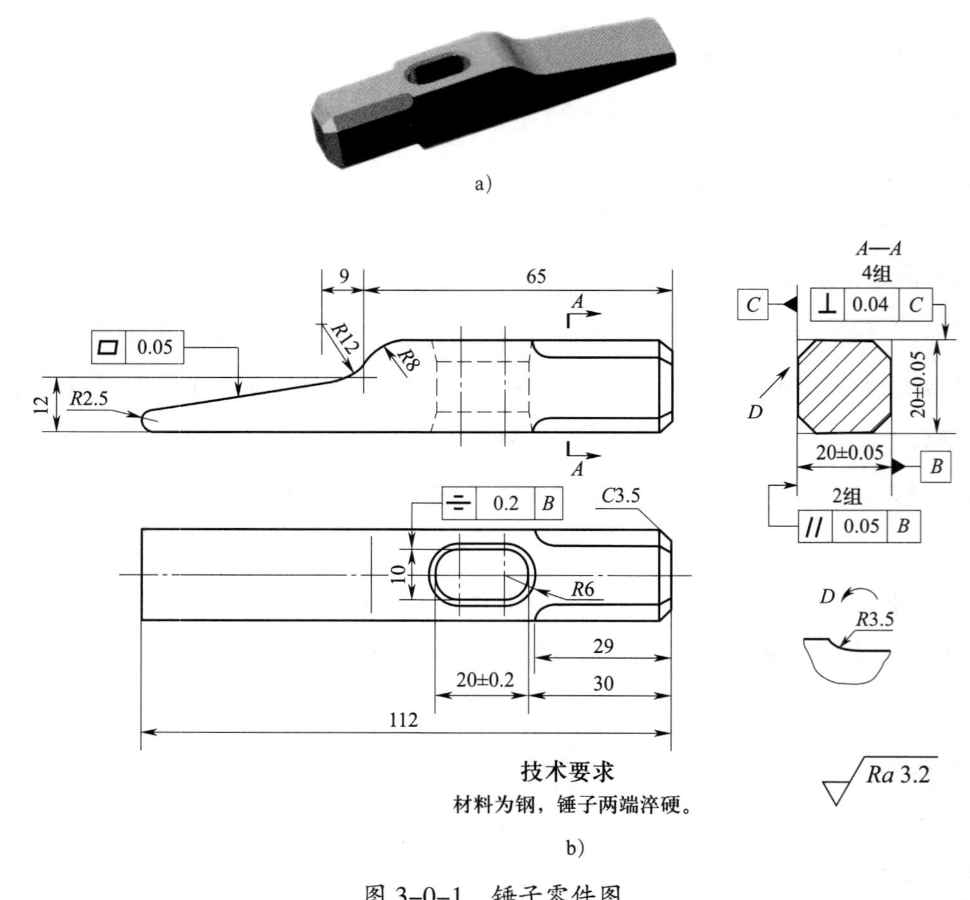

图 3–0–1　锤子零件图

学习工作流程

学习活动 1　钳工认知

学习活动 2　抄画锤子加工图样

学习活动 3　制订锤子加工工艺步骤

学习活动 4　锤子划线

学习活动 5　錾削锤子表面

学习活动 6　锯削锤子表面多余材料

学习活动 7　锉削锤子表面并成形

学习活动 8　加工锤子手柄安装孔

学习活动 9　锤子表面处理

学习活动 10　工作总结、成果展示、经验交流

学习活动1　钳 工 认 知

学习目标

1. 能有效遵循所有现行的健康和安全规则。
2. 能说出手工加工场地的设备及安全规章制度。
3. 能严格遵守安全规章制度，按要求规范穿戴劳动保护用品。
4. 能写出手工加工工作性质、内容及主要任务。
5. 能说出手工加工场地管理规范的主要内容。

学习过程

1．在进入工作场地前，严格遵循企业标准穿戴好劳动保护用品，仔细观察图 3–1–1，指出着装的问题，并说明应如何规范合理着装。

a)　　b)

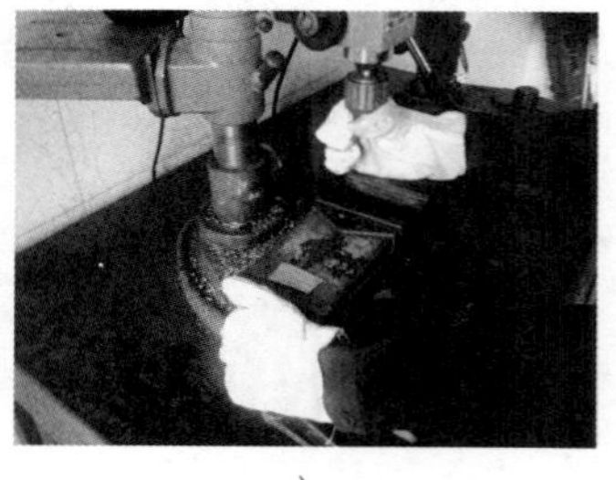

c)

图 3–1–1　着装图例

2．在生产车间，经常会发现一些现场管理规章制度和设备操作规程，把这些制度抄录下来，在实习过程中时时刻刻牢记并落到实处，不断提高个人安全意识。

（1）手工加工工作场地的管理规章制度有哪些？

（2）钻床的操作规程是什么？

（3）砂轮机的操作规程是什么?

3．表 3–1–1 列出了常用的手工加工设备，通过参观生产车间、观看相关视频、查阅相关资料等了解它们的名称、规格及用途，并完成表 3–1–1 的填写。

表 3–1–1 常用手工加工设备

图示	设备名称	规格	用途

续表

图示	设备名称	规格	用途

4．钳工是手工操作的一个工种，它的操作内容较多，表 3–1–2 中是几种钳工常见的操作，通过观看视频了解其操作方法的要点及对应的主要工具，完成表 3–1–2 的填写。

表 3–1–2　钳工常见的操作

图示	操作方法的要点	主要工具

续表

图示	操作方法的要点	主要工具

学习活动 2　抄画锤子加工图样

学习目标

1. 能看懂并解释锤子图样和规格。
2. 能解释图样中零件材料的牌号。
3. 能正确抄画锤子加工图样。

学习过程

1．认真识读锤子零件图。

（1）分析锤子的基本形状组成，并在表 3–2–1 中写出各形状的基本尺寸。

表 3–2–1　　锤子的基本形状组成和基本尺寸

序号	基本形状	基本尺寸

（2）表 3–2–2 中列出了图样上使用的不同类型线条，试抄画它们，并写出其名称、线宽及一般应用。

表 3–2–2　　　　线 条 抄 画

名称	图线形式	线宽	抄画	一般应用
粗实线	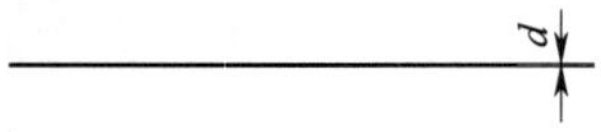 d	*d*		
	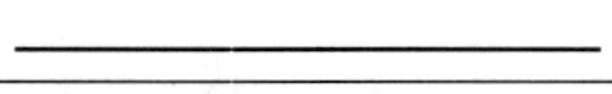			
	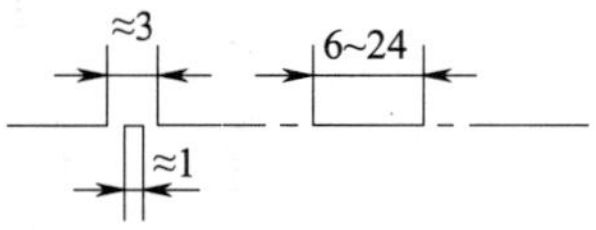 ≈3　6~24　≈1			
	 2~6　≈1			

（3）查阅相关资料，写出图样中各种符号的含义。

（4）从图样上找出圆弧 *R*12 mm、圆弧 *R*8 mm 和腰孔的位置，并填写表 3–2–3。

表 3–2–3　　　　圆弧 *R* 和腰孔的位置

序号	几何元素	定位	定位基准
		定义：	定义：
1	圆弧 *R*12 mm		
2	圆弧 *R*8 mm		
3	腰孔		

（5）锤子材料的牌号是 45 钢，查阅相关资料阐述该牌号的含义、特性及其应用范围。

45 钢的含义：

45 钢的特性：

45 钢的应用范围：

2．零件图上必须标注足够的尺寸，才能明确形体的实际大小和各部分的相对位置。查阅相关资料，并结合锤子图样写出尺寸标注时应注意的问题。

3．表 3–2–4 中列出了常用的绘图工具，写出它们的名称及用途。

表 3–2–4　　常用的绘图工具

序号	图示	名称	用途
1	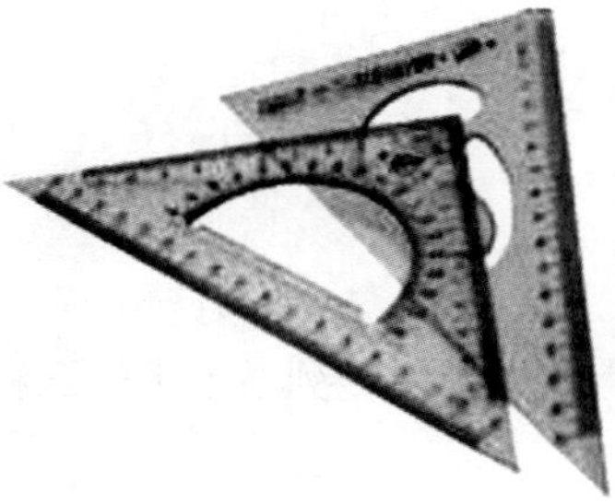		
2	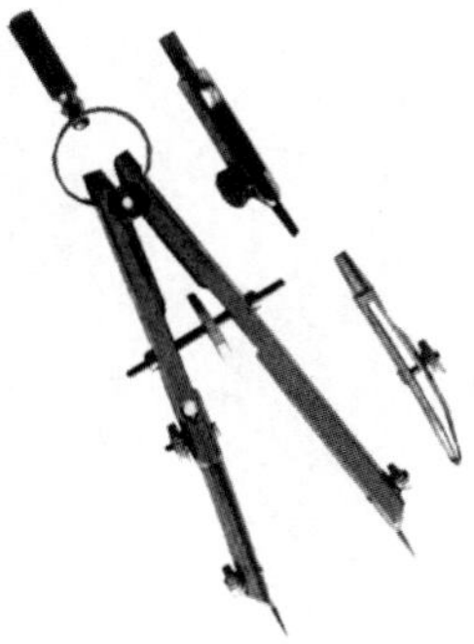		
3			
4	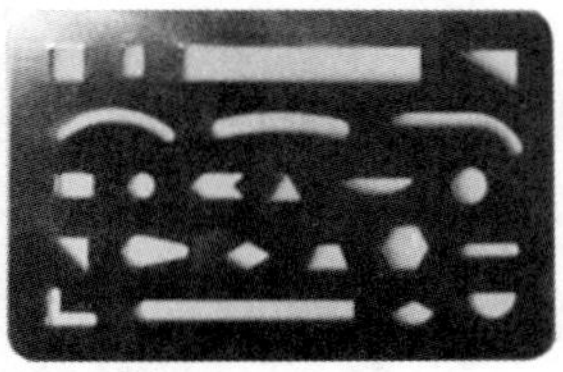		

4．通过抄画锤子图样，总结抄画图样的步骤及注意事项。

5．查阅相关资料，分组讨论。

除钢以外，生产、生活中还大量运用其他金属材料，结合日常生活用品，列举不少于三种金属材料的牌号、性质及用途。

学习活动 3　制订锤子加工工艺步骤

学习目标

1. 能写出锤子加工的操作内容。
2. 能制订锤子加工工艺步骤。
3. 在工作环境中能积极推广健康和安全的最佳做法。

学习过程

1．应该如何维护工作环境的干净、整洁?

2．通过观看锤子加工视频，写出加工过程中采用了哪些机械加工方法。

3．锤子的加工过程包含哪几个工序？划分工序的依据是什么?

4．以小组为单位进行讨论，并在表 3-3-1 中写出锤子的加工工艺步骤。

表 3-3-1　　锤子的加工工艺步骤

工序	工步	操作内容	精度要求	主要工具、量具

学习活动4　锤子划线

学习目标

1. 能合理选择划线基准。
2. 掌握常用划线工具的使用方法。
3. 能对锤子进行划线。
4. 能根据工作计划选择和配置最合适的工具。

学习过程

1．划线是机械加工的重要工序之一，查阅相关资料写出划线的作用及要求。

2．如果将圆钢加工成四方件，用图示方法表达出划线的方法，并指出划线基准。

3．上题中，选择划线基准的依据是什么？

4．查阅相关资料，选择合适的划线工具，在表 3–4–1 中填写图示划线工具的名称，并写出其功能特点。

表 3–4–1　　　　划 线 工 具

序号	图示	功能特点
1	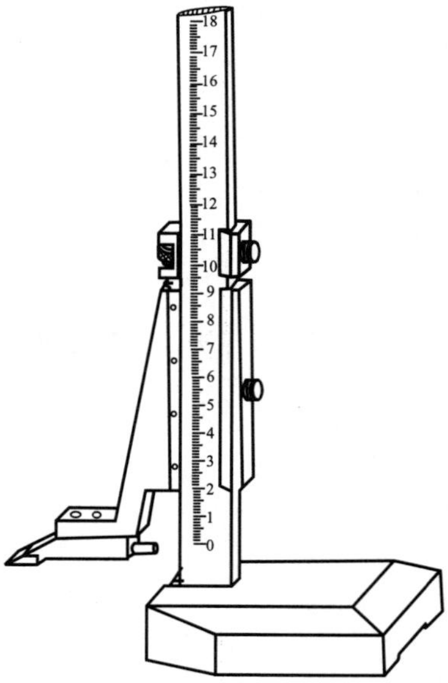 18 17 16 15 14 13 12 11 10 9 8 7 6 5 4 3 2 1 0 （　　　）	

续表

序号	图示	功能特点
2	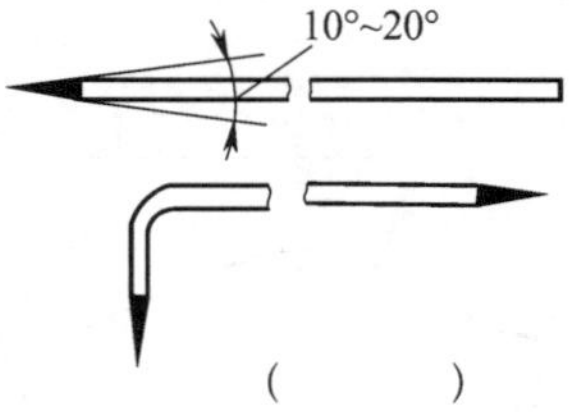 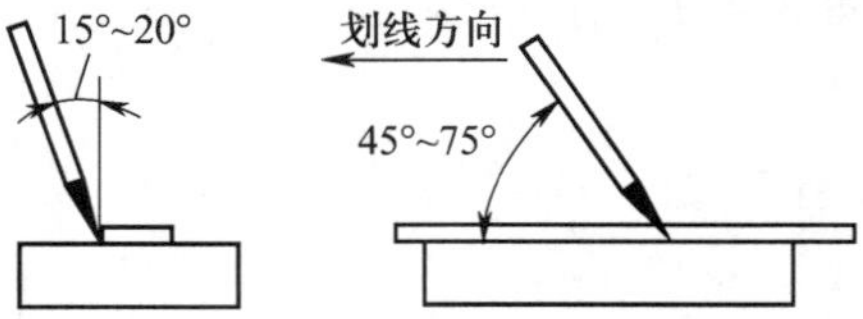 10°~20° (　　) 15°~20°　划线方向　45°~75°	
3	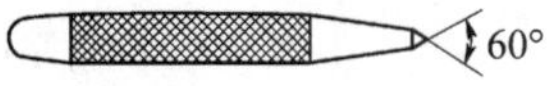 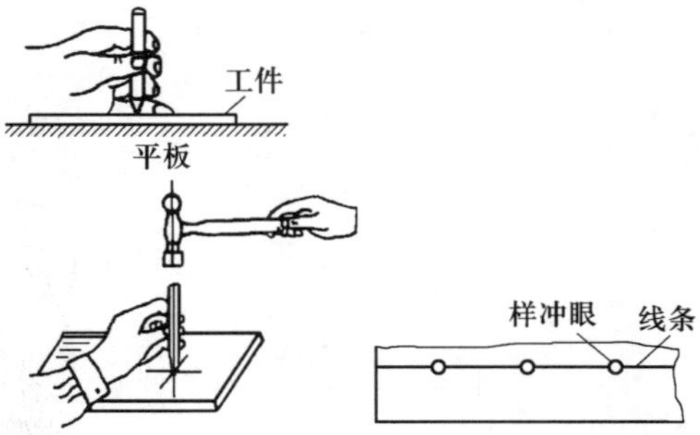 60° (　　) 工件　平板 样冲眼　线条	
4	 (　　)	
5	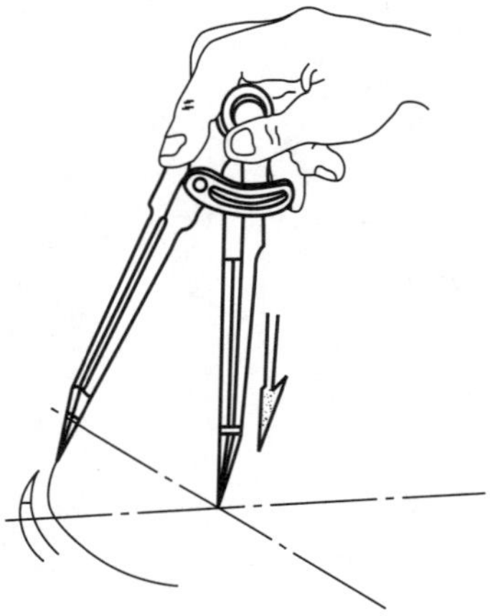 (　　)	

5．采用如图 3–4–1 所示的方法，把图中所需打的样冲眼用黑点表示出来。

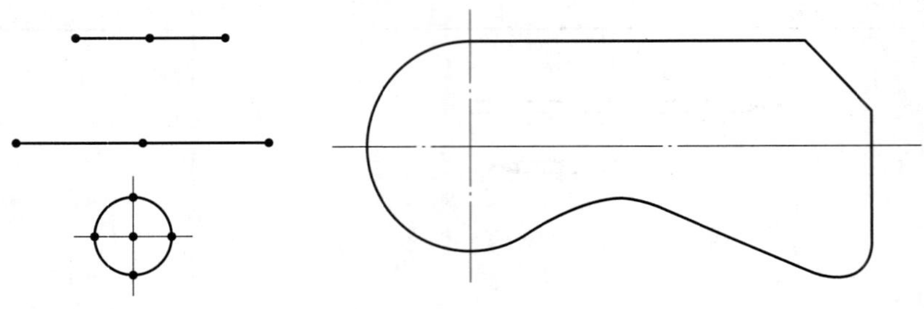

图 3–4–1　打样冲眼

6．分组讨论，写出锤子的划线步骤。

学习活动 5　錾削锤子表面

学习目标

1. 在工作环境中能选用健康和安全的最佳做法。
2. 掌握錾削的基本站立姿势及握錾、挥锤的方法。
3. 能正确选择和刃磨錾子的切削角度。
4. 能完成锤子表面的錾削加工。

学习过程

1．查阅相关资料，并结合图 3–5–1 写出錾削的应用场合。

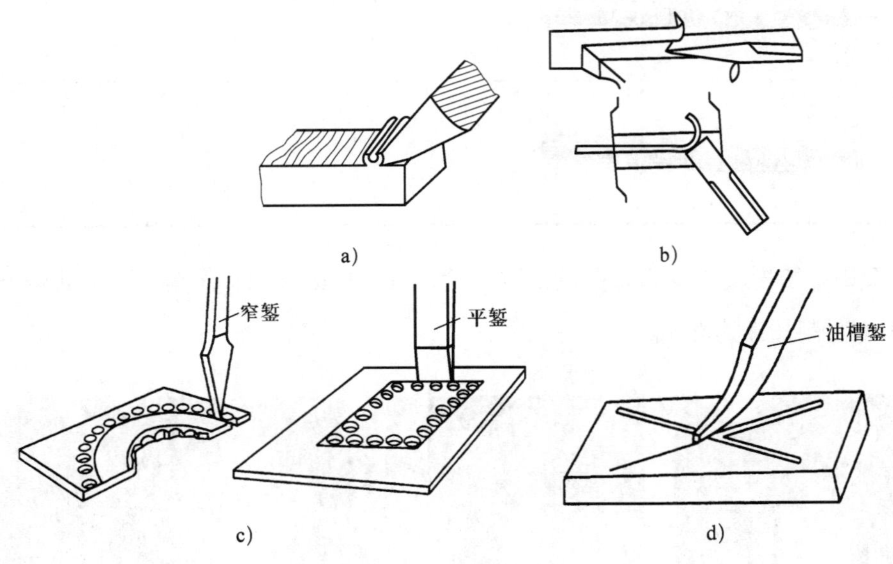

图 3–5–1　錾削

2．查阅相关资料，正确填写表 3–5–1 中图示各类錾子的名称及应用场合。

表 3–5–1　　錾　子

序号	图示	名称	应用场合
1			
2			
3			

3．在图 3–5–2 中，錾削站立姿势正确的是哪一个？查阅相关资料，了解錾削时正确站立姿势的要点，以及正确站立姿势对錾削加工的影响。

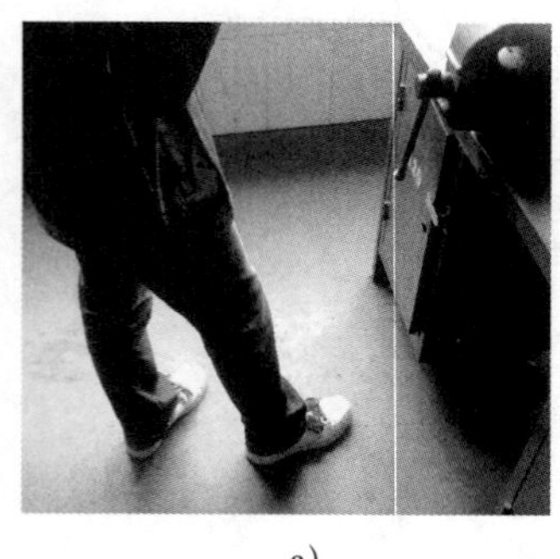

a)

b)

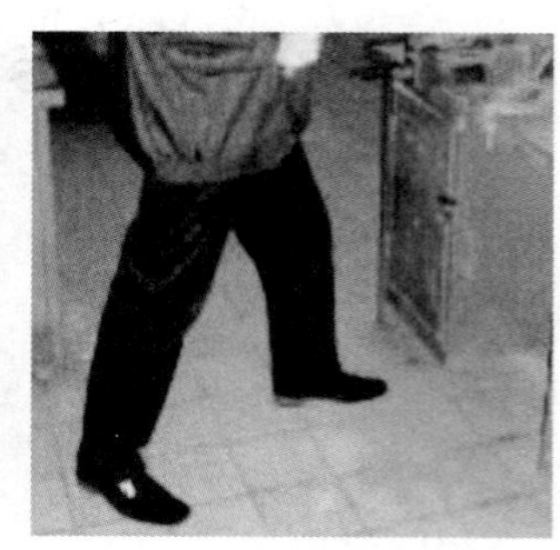

c)

图 3–5–2　錾削站立姿势

正确站立姿势：

正确站立姿势的要点：

正确站立姿势对錾削加工的影响：

4．写出图 3–5–3 中錾削时握錾和挥锤的方法。

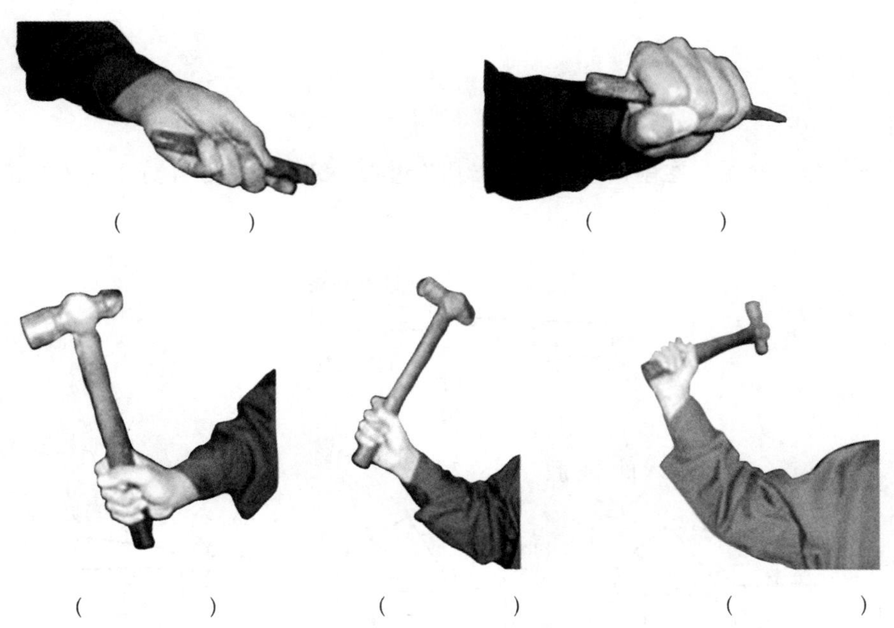

(　　　　)　(　　　　)

(　　　　)　(　　　　)　(　　　　)

图 3–5–3　握錾和挥锤的方法

5．錾子的切削角度对錾削的影响较大。查阅相关资料，写出錾子切削角度的名称、对錾削的影响及正确的选用方法。

6．查阅相关资料，写出刃磨錾子的技术要点。

7．錾削加工一般分为起錾、錾削、粗錾、錾出几个过程，结合图 3-5-4 分析錾削加工中出现的情况及原因。

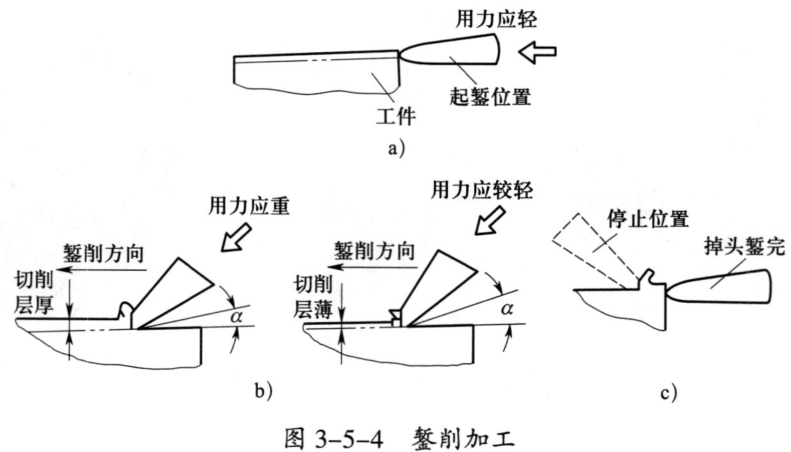

图 3-5-4　錾削加工

（1）起錾时，为何采用斜角起錾？

（2）錾削时，后角小用力应重，后角大用力应较轻，其原因是什么？

（3）錾出时，为何应掉头錾削？

8．查阅相关资料，写出錾削中应注意的安全事项，并以小组为单位展开讨论。

学习活动 6　锯削锤子表面多余材料

学习目标

1. 能够根据加工材料、加工条件正确选用锯条。
2. 能正确安装锯条。
3. 能正确使用锯削工具去除多余材料。
4. 能正确维护工具并确保其处于最佳工作状态。

学习过程

1．錾削能够去除工件多余材料，但去除量有限。大量去除材料时，常使用锯削加工。结合图 3–6–1、图 3–6–2、图 3–6–3 写出锯削的应用。

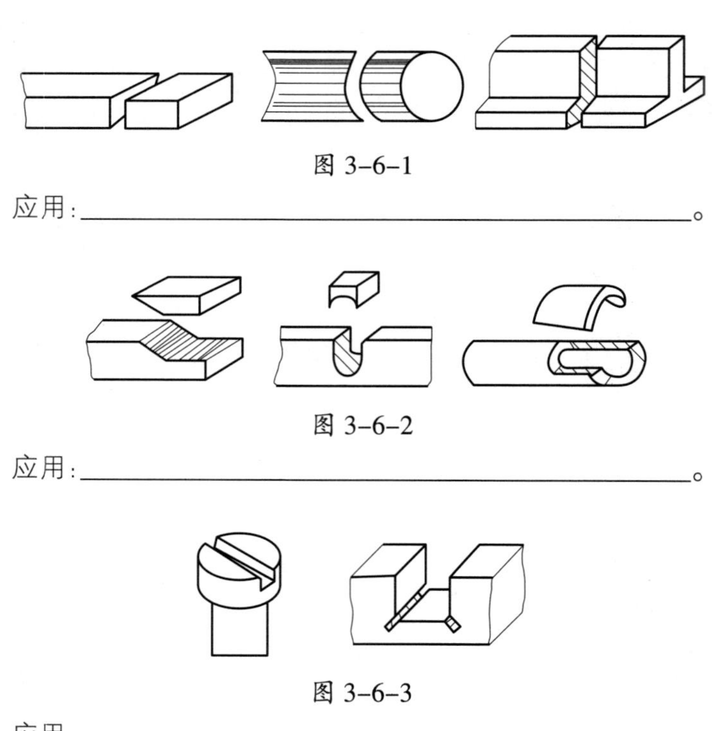

图 3–6–1

应用：____。

图 3–6–2

应用：____。

图 3–6–3

应用：____。

2．查阅相关资料，在表 3–6–1 中填写出粗齿锯条、中齿锯条、细齿锯条的相应齿数及应用。

表 3–6–1　　粗齿锯条、中齿锯条、细齿锯条的齿数及应用

种类	图示	每轴向 25 mm 长度内的齿数	应用
粗齿锯条			
中齿锯条			
细齿锯条			

3．判断图 3–6–4 中锯条的安装是否正确，为什么？

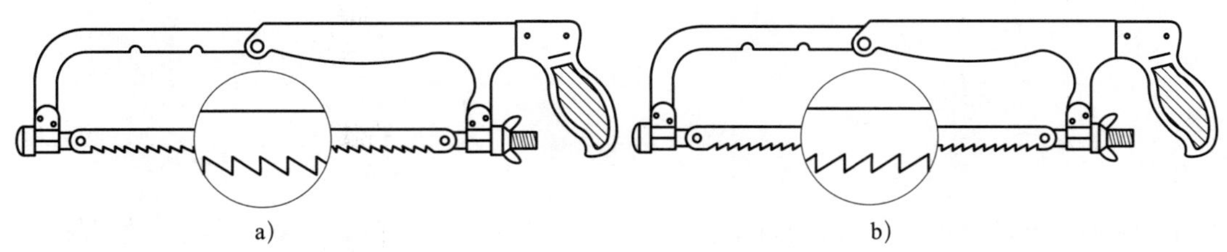

图 3–6–4　锯条的安装

图 a：

图 b：

4．图 3-6-5 中锯削的姿势是否正确？请指出错误之处。

a)

b)

图 3-6-5　锯削的姿势

图 a：

图 b：

5．起锯是锯削工作的开始，起锯质量的好坏直接影响锯削质量。图 3-6-6 所示分别为哪种起锯方法？一般情况下，应采用哪种起锯方法？为什么？

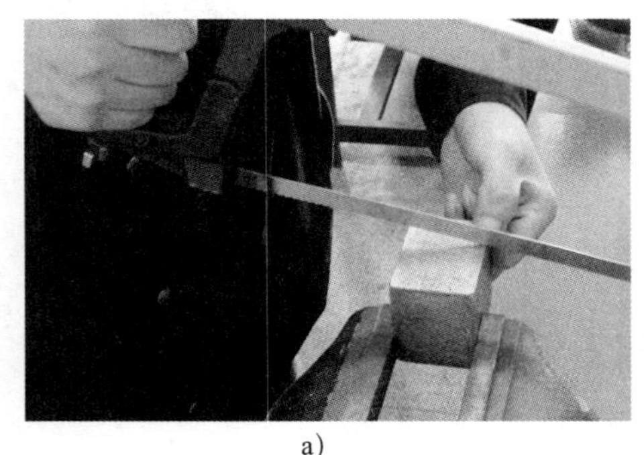
a)

b)

图 3-6-6　起锯方法

图 a：

图 b：

一般应采用的起锯方法是：

6．锯条的安装注意事项有哪些？

7．查阅相关资料，分组讨论锯削过程中应注意的安全事项，并填写表 3–6–2。

表 3–6–2　　锯削过程中应注意的安全事项

时间		主题	锯削过程中应注意的安全事项
主持人		成员	
讨论过程			
结论			

学习活动 7　锉削锤子表面并成形

学习目标

1. 能根据工作计划选择和配置合适的工具。
2. 能正确使用锉削工具去除多余材料。
3. 能正确使用测量工具进行测量。
4. 能按要求对量具进行日常保养。

学习过程

1．锉削一般是在錾削、锯削之后对工件进行的精度较高的加工。根据锤子的加工要求，其最终成形采用锉削加工。查阅相关资料，写出锉削所能达到的精度要求。

2．锉刀的种类有很多，写出表 3–7–1 中图示各类锉刀的名称及应用。

表 3–7–1　锉刀的名称及应用

序号	图示	名称	应用
1			
2			
3			

续表

序号	图示	名称	应用
4			
5			

3．加工锤子成形表面，应选择哪些锉刀？选择时应考虑哪些因素？锉刀使用过程中应该如何维护？

4．结合图 3-7-1 写出平面锉削的操作方法，以及在操作中应如何准确运用。

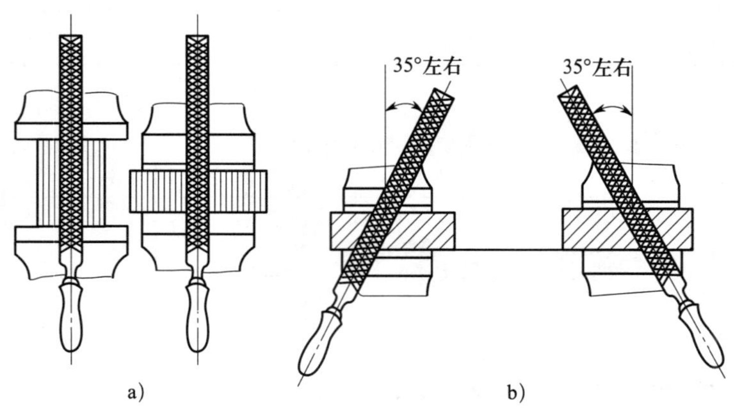

图 3-7-1　平面锉削的操作方法

图 a：

图 b：

5．外圆弧面的锉削方法如图 3–7–2 所示，试分别叙述这两种方法的特点及应用。在锤子加工中，圆弧面宜采用哪种锉削方法?

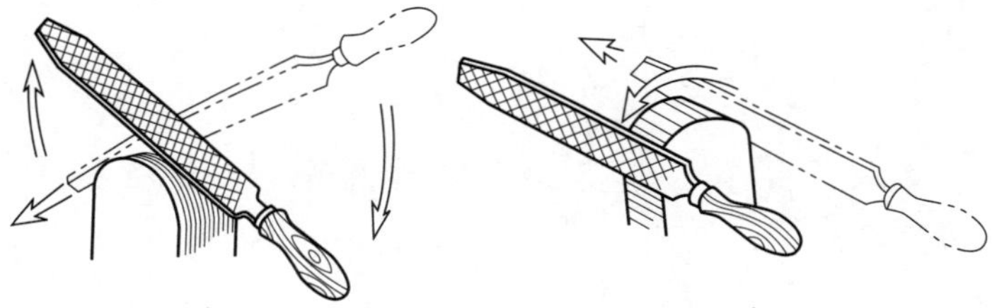

a)　　b)

图 3–7–2　外圆弧面的锉削方法

图 a：

图 b：

锤子加工中圆弧面的锉削方法：

6．查阅相关资料，了解几何公差的概念，写出下列图样中的标注所表示的含义。

| ⏥ | 0.05 | 含义： |

| ⊥ | 0.04 | 含义： |

| // | 0.05 | 含义： |

7．查阅相关资料，并进行小组讨论。要达到图样要求，需采用合适的量具进行正确测量。常用的量具按其用途和特点可分为__________量具、__________量具和__________量具三种类型。三种量具的主要区别是：____。

8．正确使用游标卡尺检测工件。

（1）查阅相关资料，写出游标卡尺的刻线原理及读数方法。

刻线原理：

读数方法：

（2）分析图 3-7-3 中游标卡尺的使用是否正确。

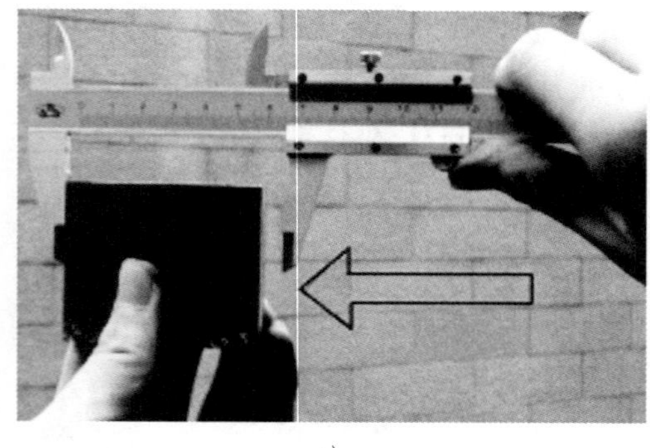

a）

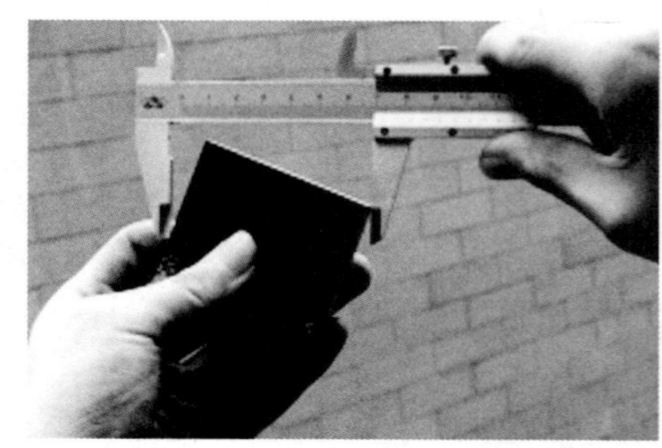

b）

图 3-7-3　游标卡尺的使用

图 a：

图 b：

（3）图 3–7–4 所示为实际加工中检测出的读数，正确读取数值并填写在横线上，再分析其读数精度。

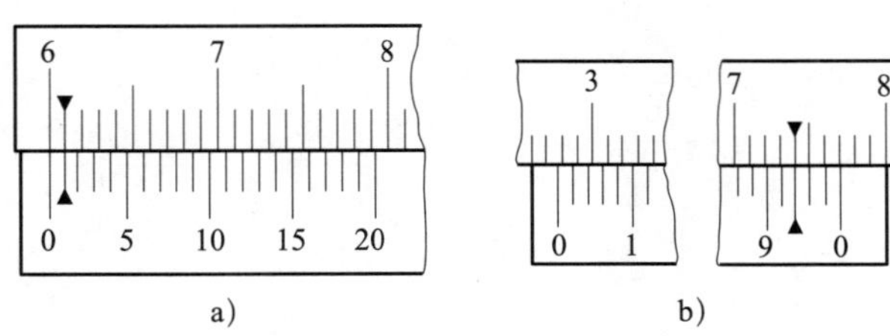

图 3–7–4　实际加工中检测出的读数

图 a 读数为______________，读数精度为______________。

图 b 读数为______________，读数精度为______________。

（4）在锤子工件上，需要用游标卡尺测量的要素及具体尺寸有哪些?

9．正确使用刀口形直尺、刀口形直角尺检测工件。

（1）实际加工中，通常采用刀口形直尺检查平面度。如图 3-7-5 所示，检查时，为什么要纵向、横向和对角进行多处检测?

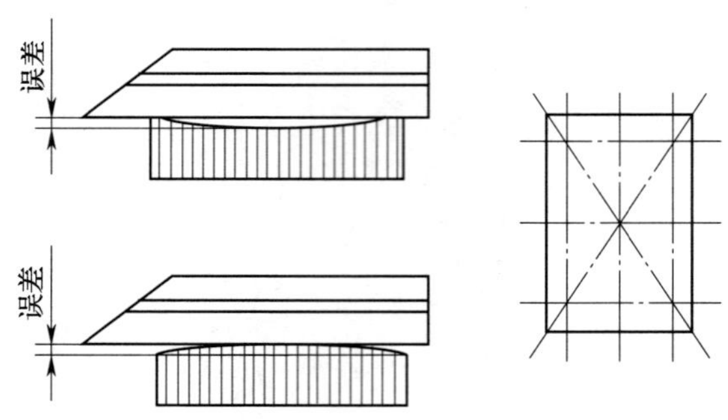

图 3-7-5　采用刀口形直尺检查平面度

（2）在锤子工件上，需要用刀口形直尺测量的要素有哪些?

（3）使用刀口形直角尺检查工件垂直度时要注意哪些问题?

10．检测成形锤子相关精度要求，并填写表 3–7–2。

表 3–7–2　　锤子相关精度要求

序号	检测部位	形状精度	位置精度	尺寸精度	表面粗糙度

11．查阅相关资料，列出常用量具维护与保养中应注意的事项。

学习活动 8　加工锤子手柄安装孔

学习目标

1. 能根据加工要求合理选择麻花钻。
2. 能安全操作钻床完成钻孔的加工。
3. 能正确使用锉刀完成腰孔的加工。
4. 在工作地点能有效遵循所有现行的健康和安全规则。

学习过程

1．锤子上的孔需要进行钻削加工。观看视频，写出钻削加工的特点、钻削常用工具以及钻削时应该遵循的安全操作规程。

2．观察图 3–8–1 所示的两种常用钻头，指出它们在结构上的区别。

a)

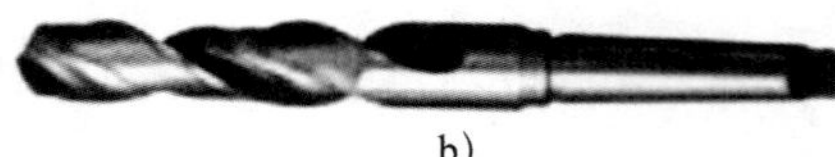

b)

图 3–8–1　两种常用钻头

图 a：

图 b：

3．查阅相关资料，结合图 3–8–2 回答以下问题。

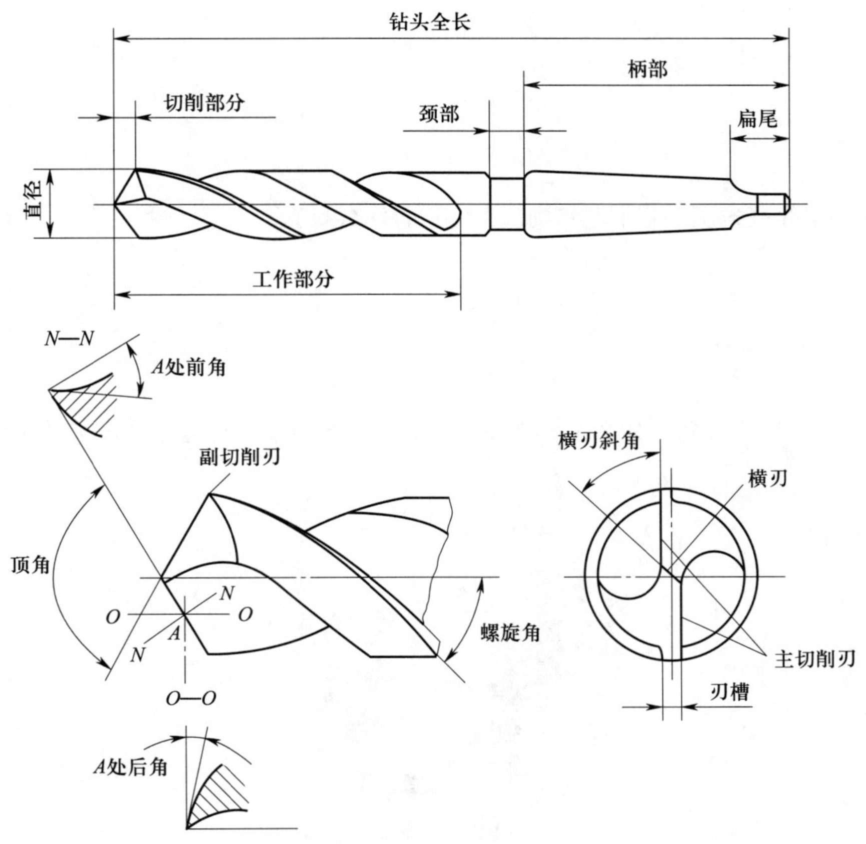

图 3–8–2　标准麻花钻

（1）标准麻花钻主要由哪几部分组成?

（2）颈部的主要作用是什么?

（3）导向部分的主要作用是什么?

（4）切削部分主要由哪几部分组成?

（5）图 3-8-2 中有哪些角度? 它们对钻削加工分别有什么影响?

4．台钻为手工加工常用设备，如图 3-8-3 所示，在图中标注出台钻各组成部分的名称，并说出它们的功能。

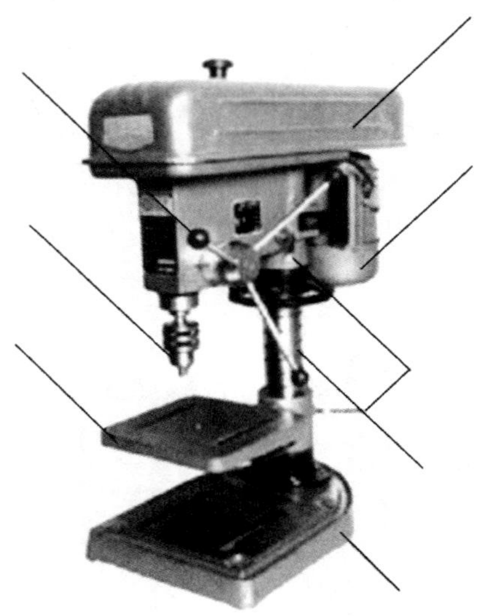

图 3-8-3　台钻

5．如何对钻床进行维护保养?

6．在图 3–8–4 中，哪个样冲眼是正确的？若不正确，对钻孔加工有哪些影响？

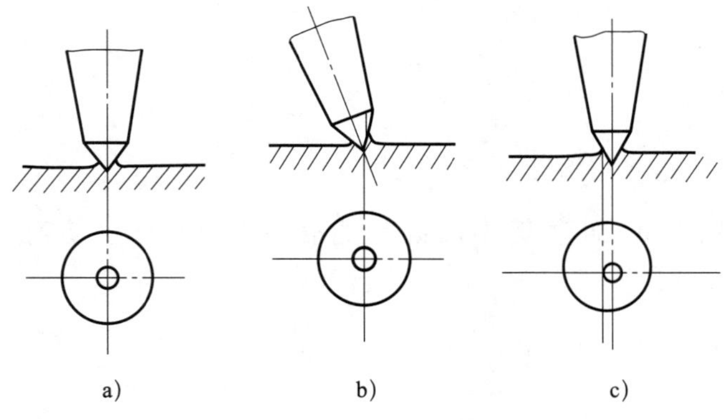

图 3–8–4　样冲眼

图 a：

图 b：

图 c：

7．钻孔时，为什么要在工件上划出如图 3–8–5 所示的检查圆或检查方框？

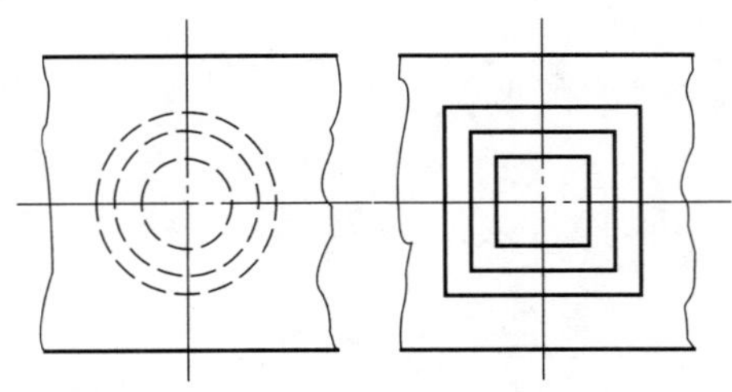
图 3–8–5　钻孔时所划的检查圆和检查方框

8．钻削加工完成后，钻头和工件温度都很高。查阅相关资料说明产生高温的原因，实际生产中应如何控制切削温度?

9．结合锤子零件图，写出腰孔加工的尺寸及几何公差要求。

10．结合实际，写出加工腰孔时应注意的事项。

11．查阅相关资料，小组讨论钻孔时要注意的安全文明生产规定，并填写表 3-8-1。

表 3-8-1　　钻孔时要注意的安全文明生产规定

时间		主题	钻孔时要注意的安全文明生产规定
主持人		成员	
讨论过程			
结论			

学习活动 9　锤子表面处理

学习目标

1. 能对锤子表面进行淬火。
2. 能对锤子表面进行抛光。
3. 能正确叙述抛光的目的和方法。
4. 能正确使用抛光工具。

学习过程

1．为保证锤子具有一定的硬度和韧性，通常要进行热处理，包括淬火和回火两个过程。查阅相关资料，填写表 3–9–1。

表 3–9–1　　淬火和回火

序号	热处理名称	定义	性能特点	应用
1	淬火			
2	回火			

2．写出锤子的热处理操作过程。

3．结合实际情况，写出淬火后达不到硬度要求的原因。

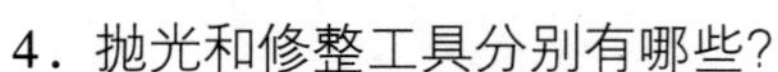

4．抛光和修整工具分别有哪些?

5．油石的型号及适用范围是什么?

6．砂布抛光是机械抛光的一种形式，写出砂布抛光时应注意的事项。

7．淬火的好坏与锤子的硬度有关，而抛光体现在锤子的表面粗糙度上。查阅相关资料，小组讨论如何检测硬度及表面粗糙度，并填写表 3–9–2。

表 3–9–2　检测硬度及表面粗糙度

时间		主题	检测硬度及表面粗糙度
主持人		成员	
讨论过程			
结论			

学习活动10　工作总结、成果展示、经验交流

学习目标

1. 能正确规范地撰写工作总结。

2. 能采用多种形式进行成果展示。

3. 能与他人合作，进行有效沟通，了解有效沟通和团队合作的重要性。

4. 能积极主动展示、汇报工作成果，对学习和工作过程中出现的问题进行反思和总结，优化方案和策略，具备知识迁移能力。

学习过程

1．在整个锤子制作过程中，应该如何与他人进行信息交流？当遇到问题时，应该采用什么方式进行解决?

2．查阅相关资料，写出工作总结的组成要素。

3．写出成果展示方案。

4．写出工作总结和评价。

评价与分析

锤子加工综合评分表

序号	名称	配分	项目与技术要求	评分标准	检测记录	得分
1	主要尺寸（65 分）	10	（20 ± 0.2）mm	超差不得分		
2		15	（20 ± 0.05）mm（两处）	超差不得分		
3		10	2 组 ∥ 0.05 *B*	超差不得分		
4		10	⌯ 0.2 *B*	超差不得分		
5		10	4 组 ⊥ 0.04 *C*	超差不得分		
6		10	▱ 0.05	超差不得分		
7	表面粗糙度及硬度（20 分）	10	锤子两端淬硬 40 ~ 45HRC	不合格不得分		
8		10	*Ra*3.2 μm	降级不得分		
9	主观评分（10 分）	3.5	已加工零件倒角、倒圆、去毛刺是否符合图样要求			
10		3.5	已加工零件是否有划伤、碰伤和夹伤			
11		3	已加工零件与图样要求的一致性以及其余表面的粗糙度			
12	更换添加毛坯（5 分）	5	是否更换添加毛坯	是 / 否		
13	职业素养	扣分	能正确穿戴工作服、工作鞋、安全帽等劳动保护用品。每违反一项，扣 2 分			
14			能按机床使用规范正确进行开关机、对刀等基本操作。每误操作一次，扣 2 分			
15			能规范使用、保养工具、量具和辅具。每违反操作一次，扣 2 分			
16			能做好设备清洁、保养工作。不清洁、不保养，扣 3 分；保养不彻底，扣 2 分			
总配分			100	总得分		

世赛知识

第 42 届世界技能大赛于 2013 年 7 月 2 日至 7 日在德国莱比锡举行，在塑料模具工程项目中，来自广东省机械技师学院的选手李伟国以第四名的成绩获得该项目的优胜奖。

李伟国，男，1992 年 9 月出生，毕业于广东省机械高级技工学校。2012 年 6 月获得第 42 届世界技能大赛塑料模具工程项目广东选拔赛第一名，2012 年 8 月获得第 42 届世界技能大赛塑料模具工程项目全国选拔赛第一名，第 42 届世界技能大赛塑料模具工程项目优胜奖。

学习任务四　锯 弓 制 作

学习目标

1. 能根据锯弓制作任务，明确加工工期、加工要求，服从工作安排，合理制订工作计划。

2. 掌握手工加工工作范围，能查找手工划规的有关资料，具备获取理论信息的能力。

3. 能正确识读锯弓加工图样，了解锯弓的材料及形状特点，明确各部分加工所需达到的尺寸、表面质量要求。

4. 能对照锯弓加工图样，看懂锯弓加工工艺卡，确定加工步骤。

5. 能确定铆钉长度，会查阅手册确定铆钉型号。

6. 能根据方形导套的制作要求，确定其毛坯尺寸。

7. 能按照加工步骤完成锯弓各部位的加工。

8. 能从锯弓制作过程中找到共性，总结规律，举一反三，具有自学新技术、新知识和积累经验的能力。

9. 能根据检测要求，正确选用量具并进行检测。

10. 掌握矫正、弯形和铆接的安全操作规程。

11. 能撰写工作总结，采用多种形式展示学习成果。

12. 能积极主动汇报工作成果，对锯弓制作过程中出现的问题进行反思和总结，优化方案和策略，具备知识迁移能力。

建议学时

40 学时

学习任务描述

某模具车间接到一批锯弓加工订单，锯弓实物如图 4–0–1 所示，锯弓零件图如图 4–0–2 所示，件 1 手柄和件 7 铆钉（标准件）需要外购（件 2 翼形螺母、件 10 垫圈根据所学的知识最后独立完成加工），其他零件的加工需要通过手工加工的方法来完成，经车间主管分析工艺后，决定该生产任务由模具工通过手工加工完成。

模具工接到车间主管分配的任务后，阅读任务单，识读图样和加工工艺卡，明确零件加工要求，制订工作计划并经主管审核后，方可根据工艺卡准备材料、工具、量具等。加工流程：弓身→锯钮→铆接方形导套和手柄。在加工过程中遵循现场工作安全管理操作规范，在规定时间内加工完毕后先自检然后交质检员检测，合格后交付。

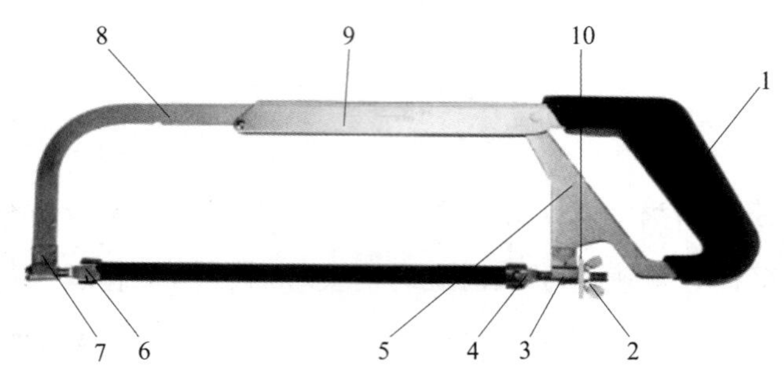

图 4-0-1　锯弓实物图

1—手柄　2—翼形螺母　3—方形导套　4—后锯钮　5—后架

6—前锯钮　7—铆钉　8—活动前架　9—弓身　10—垫圈

件 1 手柄、件 7 铆钉（标准件）需要外购，其他零件的零件图如图 4-0-2 所示。

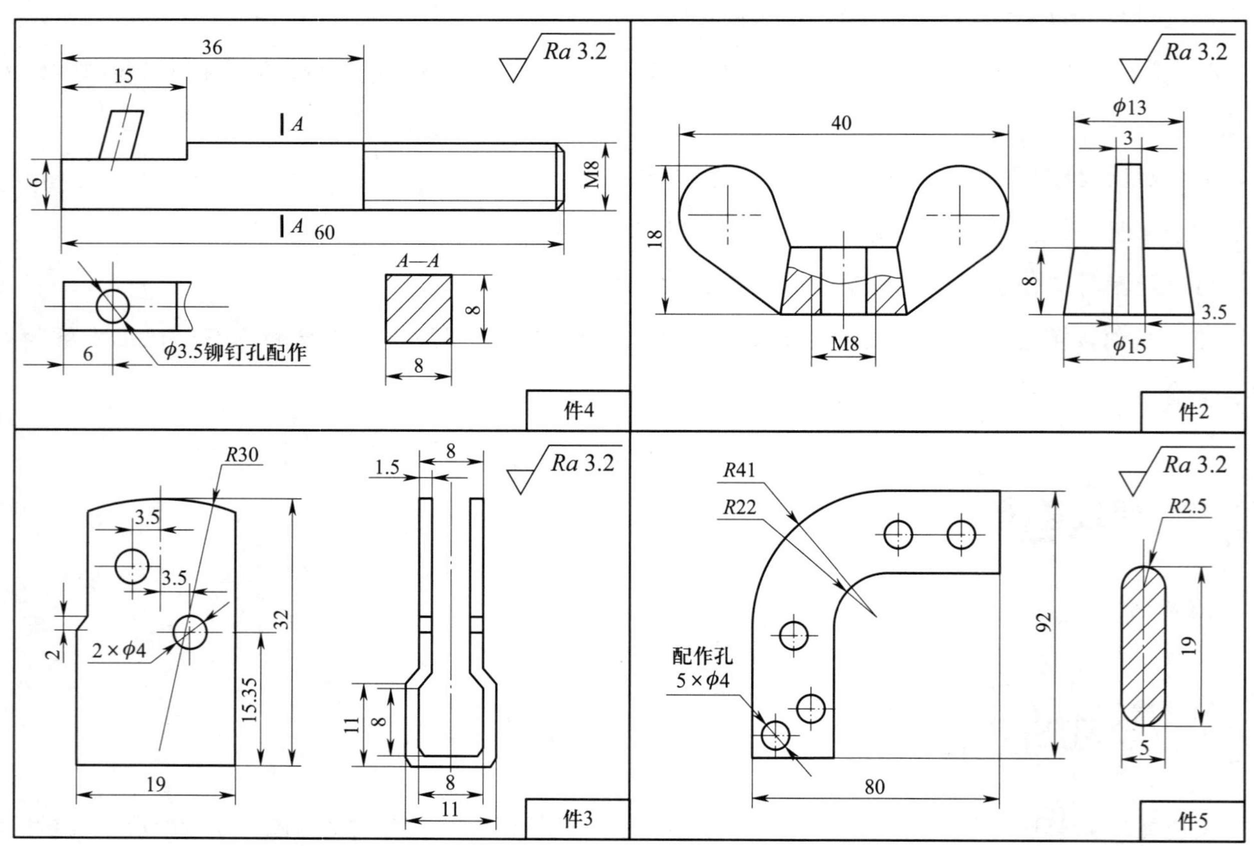

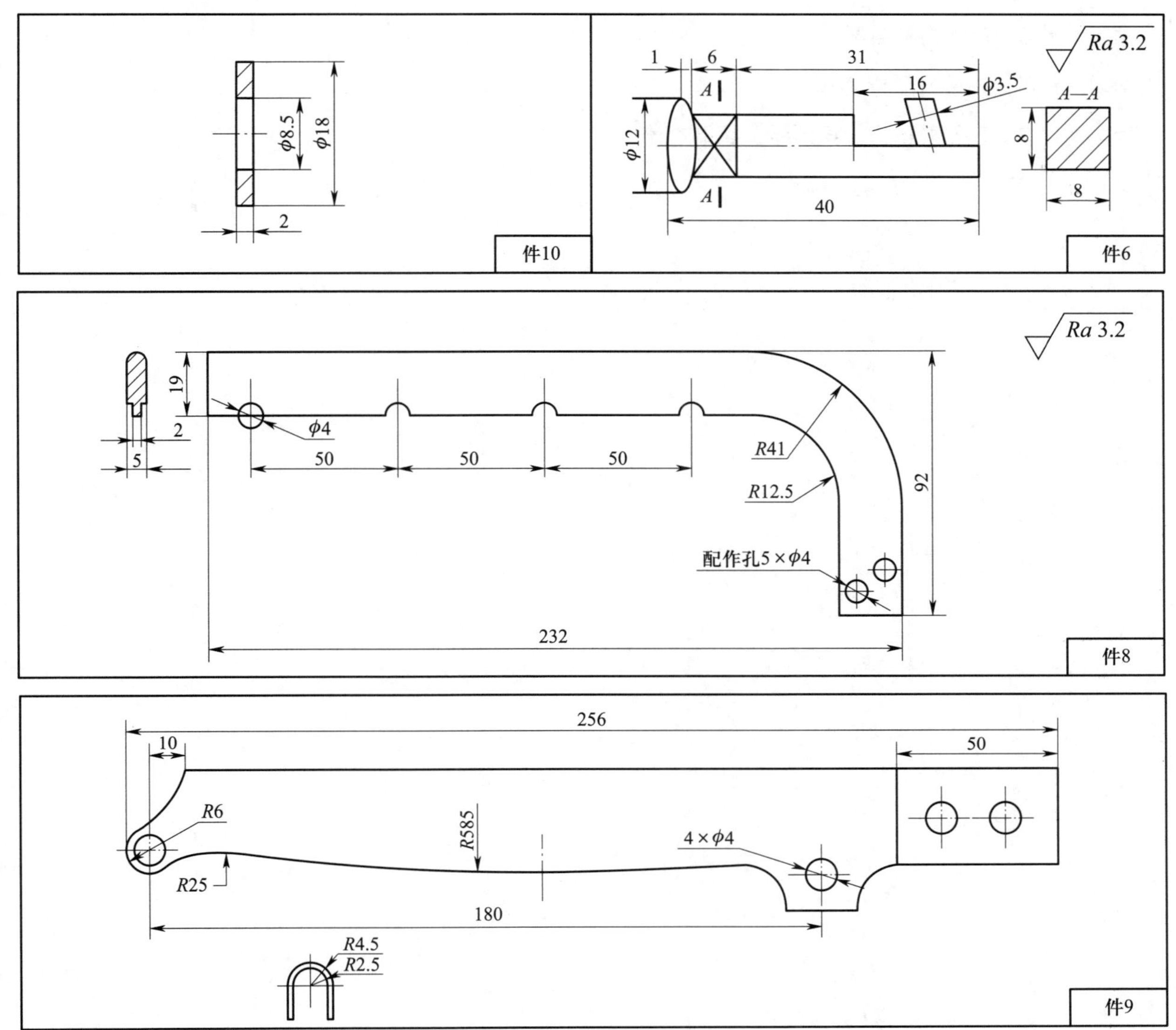

图 4-0-2　锯弓零件图

学习工作流程

接受工作任务后，首先应识读锯弓图样，获取锯弓的结构特点、尺寸要求等有效信息，按照加工工艺步骤，独立利用划规、高度尺等划线工具划出加工界线；采用锯削、锉削、矫正、弯形、铆接等加工方法加工锯弓，选择符合检测要求的量具对锯弓进行检测，最终独立完成锯弓制作。能按照现场管理规范清理场地、归置物品，按环保规定处置废弃物。

学习活动 1　接受工作任务，制订工作计划

学习活动 2　分析图样、阅读加工工艺卡并确定加工步骤

学习活动 3　加工锯弓弓身

学习活动 4　制作锯钮

学习活动 5　制作方形导套

学习活动 6　铆接方形导套和手柄

学习活动 7　工作总结、成果展示、经验交流

学习活动 1　接受工作任务，制订工作计划

学习目标

1. 能根据任务要求明确工作内容。
2. 能制订合理的工作计划。
3. 能采集有效信息。

学习过程

1．观察图 4–1–1 中两种不同的锯弓，它们在结构上有哪些区别？本次任务加工的锯弓是其中的哪一种？其结构上有什么特点？

a)　　b)

图 4–1–1　锯弓

两种锯弓的结构区别：

本任务锯弓的结构特点：

2．查阅相关资料，并进行小组讨论。一个完整的工作计划通常包括哪些内容？将讨论过程和结论填写在表 4–1–1 中。

表 4–1–1　完整工作计划的组成

时间		主题	完整工作计划的组成
主持人		成员	
讨论过程			
结论			

3．根据本任务的工作流程与活动，制订本组的工作计划，完成表 4–1–2 的填写。

表 4–1–2　工 作 计 划

序号	工作内容	开始时间	完成时间	负责人
1	接受工作任务，明确工作要求			
	制订工作计划			
	进行人员分工			
2	分析加工图样			
	读懂加工工艺卡			
	确定加工步骤			
3	完成锯弓弓身的加工			
4	完成锯钮的制作			
5	完成方形导套的制作			
6	完成方形导套和手柄的铆接			
7	进行工作总结，完成作品展示			

4．根据小组成员特点，进行工作计划中的分工，完成表 4–1–3 的填写。

表 4–1–3　　工作计划中的分工

小组成员姓名	成员特点	小组中的分工	备注

学习活动 2　分析图样、阅读加工工艺卡并确定加工步骤

学习目标

1. 能正确识读锯弓图样，了解各加工要素的组成和特点。

2. 能根据锯弓加工工艺卡确定加工步骤和方法。

学习过程

1．对照锯弓图样，分析并指出该锯弓由哪几部分组成。

2．识读锯弓图样，该锯弓弓身的长度尺寸最大值为多少？最小尺寸为多少？

3．制作锯弓的材料是什么？锯耳与弓身之间采用哪种连接？

4．M8 代表的含义是什么？铆钉孔的尺寸是多少？

5．阅读锯弓加工工艺卡（见表 4–2–1），小组讨论确定锯弓加工步骤，填写在表 4–2–2 中。

表 4–2–1　　锯弓加工工艺卡

<table>
<tr><td colspan="3">名称</td><td>锯弓</td><td>编号</td><td colspan="4">01</td></tr>
<tr><td colspan="3">材料</td><td>45 钢</td><td>件数</td><td colspan="4">1</td></tr>
<tr><th>序号</th><th colspan="2">工步名称</th><th colspan="2">工步内容</th><th>定额工时</th><th>实做工时</th><th>制造</th><th>检验</th></tr>
<tr><td>1</td><td rowspan="5">件 8、件 9、件 5</td><td>检查毛坯</td><td colspan="2">检查锯弓制作坯料尺寸</td><td></td><td></td><td></td><td></td></tr>
<tr><td>2</td><td>划线</td><td colspan="2">划出弓身加工线</td><td></td><td></td><td></td><td></td></tr>
<tr><td>3</td><td>钻孔</td><td colspan="2">钻削加工工艺孔</td><td></td><td></td><td></td><td></td></tr>
<tr><td>4</td><td>锯削</td><td colspan="2">锯削除去弓身多余材料</td><td></td><td></td><td></td><td></td></tr>
<tr><td>5</td><td>锉削</td><td colspan="2">锉削加工弓身</td><td></td><td></td><td></td><td></td></tr>
<tr><td>6</td><td>件 3</td><td>矫正、变形</td><td colspan="2">方形导套加工</td><td></td><td></td><td></td><td></td></tr>
<tr><td>7</td><td>装配</td><td>铆接</td><td colspan="2">用 ϕ4 mm 铆钉铆接手柄和方形导套</td><td></td><td></td><td></td><td></td></tr>
<tr><td>8</td><td>检测</td><td>检测、修整</td><td colspan="2">抛光，去毛刺、倒棱，全面质量复查</td><td></td><td></td><td></td><td></td></tr>
</table>

表 4–2–2　　锯弓加工步骤

零件号	序号	工步名称	设备名称	设备型号	工具	量具	工步内容	单位工时	备注
	1								
	2								
	3								
	4								
	5								
	6								
	7								
	8								
	9								
	10								
	11								

学习活动 3　加工锯弓弓身

学习目标

1. 能根据弓身加工图样划出弓身加工界线。

2. 能利用钻床加工锯削工艺孔，采用合理的锯削加工方法去除多余材料。

3. 能根据弓身加工图样进行锉削加工。

4. 能正确选择砂布对弓身进行表面抛光，达到表面粗糙度要求。

学习过程

1．根据图样分析弓身的构成。

2．根据图样，列出所需要的划线工具。

3．用划线工具划出弓身加工界线后，可以采用哪些方法强化界线的标志?

4．分析弓身加工图样要求，为了达到弓身表面粗糙度要求，应选择哪种加工方法进行表面加工？

5．在采用锯削方式去除余量时，一般都在圆弧处钻出锯削工艺孔，如图 4–3–1 所示，查阅相关资料，解释其原理。

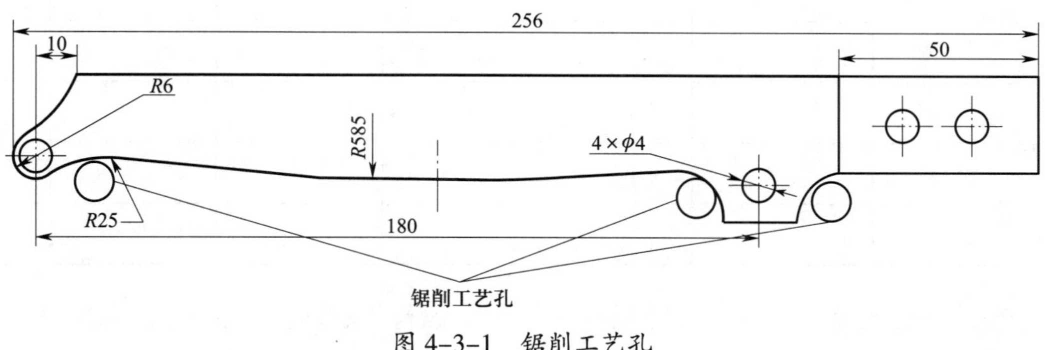

图 4–3–1　锯削工艺孔

6．图 4–3–2 所示锯削方法应用在什么场合？加工中应注意的事项有哪些？

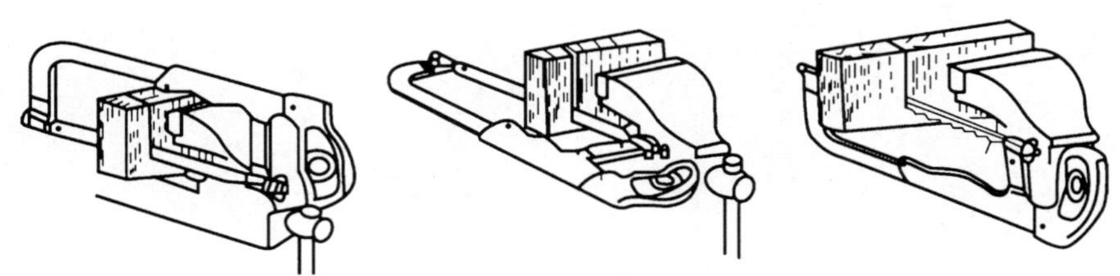

图 4–3–2　锯削方法

7．根据弓身加工图样列出所需要的锉刀种类。

8．分析弓身加工步骤，完成表 4–3–1 的填写。

表 4–3–1 弓身加工步骤

序号	开始时间	结束时间	工作内容	工具	量具	设备

9．小组讨论。通过弓身的加工，总结在锯割和锉削时，遇到了哪些问题，又是如何解决的。

学习活动4　制作锯钮

学习目标

1. 能根据锯钮加工图样划出锯钮加工界线。

2. 能根据锯钮加工图样，利用锉刀完成前、后锯钮的加工。

学习过程

1．从锯钮加工图样来看，前、后锯钮在结构上有哪些区别?

2．锯钮采用圆钢作为坯料，结合工作实际，写出如何划出 8 mm×8 mm 的方形加工界线。

3．加工 M8 的外螺纹，圆杆直径应为多少?

4．小组讨论后，写出套螺纹时应注意的问题。

5．根据分析，在表 4–4–1 中写出锯钮的加工步骤。

表 4–4–1　　锯钮的加工步骤

序号	开始时间	结束时间	工作内容	工具	量具	设备

学习活动 5　制作方形导套

学习目标

1. 能根据方形导套加工图样确定毛坯尺寸。
2. 能利用矫正工具对坯料进行矫正加工。
3. 能根据图样要求，利用弯形工具对材料进行加工。
4. 掌握矫正、弯形的安全操作规程。

学习过程

1．如图 4-5-1 所示，从加工图样上看，方形导套的厚度为______mm，属于________（薄、厚）板加工。

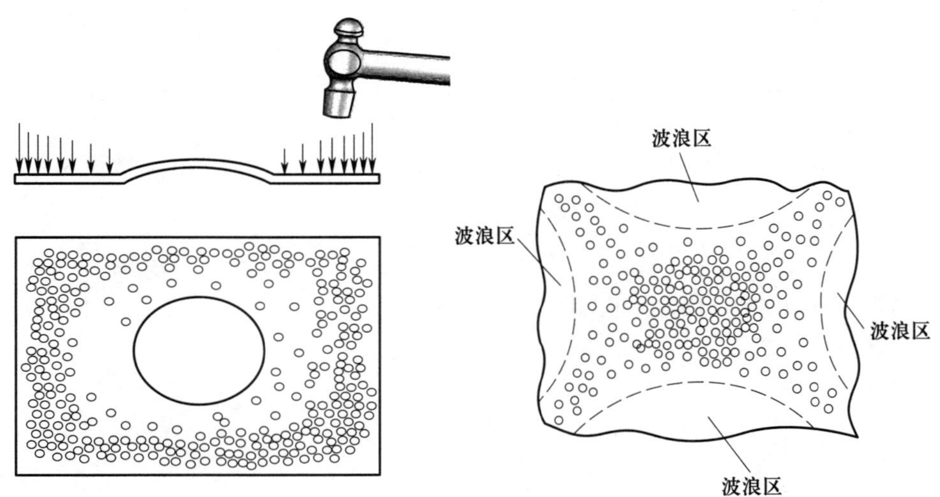

图 4-5-1　加工图样

2．金属薄板在加工中容易产生变形，结合图 4–5–2 写出薄板变形形式及矫正的方法。

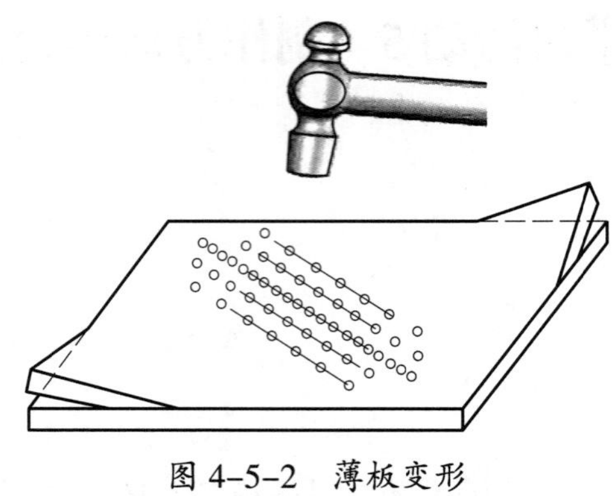

图 4–5–2　薄板变形

3．方形导套的材料是 45 钢，能否进行矫正？为什么？

4．根据实际情况，选择并列出需要的矫正工具。

5．根据方形导套的加工图样，计算出所需毛坯的长度尺寸。

6．弯形过程中，如何避免材料发生弯裂现象？

7．根据分析，在表 4–5–1 中写出方形导套的加工步骤。

表 4–5–1　　方形导套的加工步骤

序号	开始时间	结束时间	工作内容	工具	量具	设备

8．查阅相关资料，小组讨论矫正和弯形中的安全操作规程，并完成表 4–5–2 的填写。

表 4–5–2　　矫正和弯形中的安全操作规程

<table>
<tr><td>时间</td><td></td><td>主题</td><td>矫正和弯形中的安全操作规程</td></tr>
<tr><td>主持人</td><td></td><td>成员</td><td></td></tr>
<tr><td>讨论过程</td><td colspan="3"></td></tr>
<tr><td>结论</td><td colspan="3"></td></tr>
</table>

学习活动 6　铆接方形导套和手柄

学习目标

1. 能确定铆钉长度，会查阅手册确定铆钉型号。

2. 能遵守铆接安全操作规程。

3. 能按照铆接工艺过程，采用合理的铆接方法完成铆接。

学习过程

1．从锯弓图样上可以看出，弓身与方形导套、手柄之间的连接为铆接。试结合实际，写出铆接的应用场合。

2．铆接按使用要求不同划分为活动铆接和固定铆接，按铆接的方法不同划分为冷铆、热铆和混合铆。试分析锯弓上的铆接属于哪一类。

3．铆接时需确定的主要参数有哪些？图样中各为多少？

4．查阅相关资料，填写表 4–6–1。

表 4–6–1　　　　　　　　　　　　　　铆钉名称及应用特点

图示	名称	应用特点
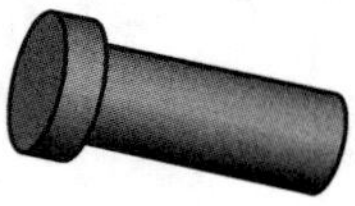		

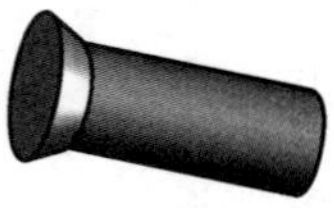		
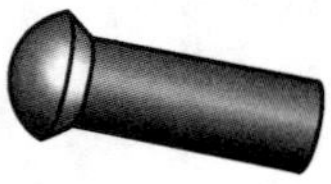		

5．铆接时，被铆接件的接合形式主要有以下几种（见表 4–6–2），请写出各接合形式的名称、特点及主要应用场合。

表 4–6–2　　　　　　　　铆接件接合形式的名称、特点及主要应用场合

图示	名称	特点	主要应用场合
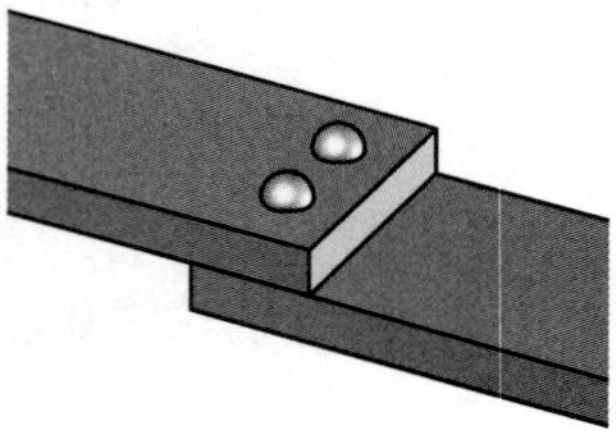			
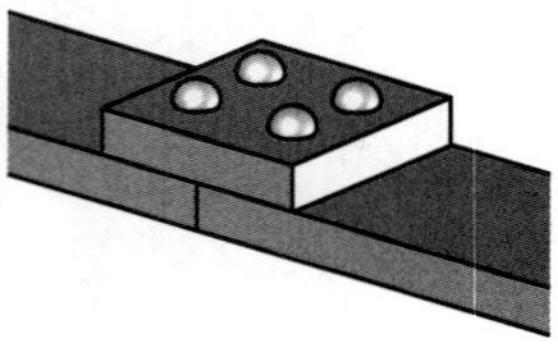			
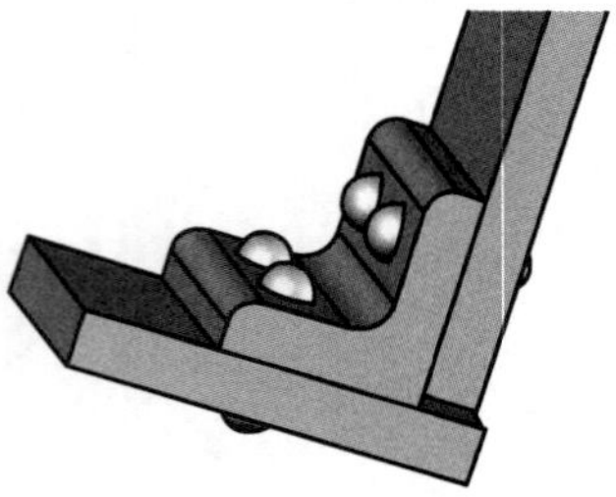			

6．根据锯弓制作图样，方形导套与弓身之间、手柄与弓身之间分别采用了哪种接合形式？并分析原因。

7．根据锯弓手柄及方形导套与弓身的铆接要求，查阅手册，选择铆钉型号（规格）。

8．铆接过程中，顶模如何正确装夹？罩模在使用中应注意哪些事项？

9．铆接过程中，锤击力应如何合理选择？

10．根据分析，在表 4-6-3 中写出铆接加工步骤。

表 4-6-3　铆接加工步骤

序号	开始时间	结束时间	工作内容	工具	量具	设备

学习活动 7　工作总结、成果展示、经验交流

学习目标

1. 能正确规范地撰写总结。
2. 能采用多种形式进行成果展示。
3. 能有效进行工作反馈与经验交流。

学习过程

1．写出成果展示方案。

2．写出工作总结和评价。

评价与分析

锯弓加工综合评分表

<table>
<tr><th>序号</th><th>名称</th><th>配分</th><th>项目与技术要求</th><th>评分标准</th><th>检测记录</th><th>得分</th></tr>
<tr><td>1</td><td rowspan="8">锯弓配件（73 分）</td><td>8</td><td>件 2</td><td>超差不得分</td><td></td><td></td></tr>
<tr><td>2</td><td>8</td><td>件 3</td><td>超差不得分</td><td></td><td></td></tr>
<tr><td>3</td><td>8</td><td>件 4</td><td>超差不得分</td><td></td><td></td></tr>
<tr><td>4</td><td>8</td><td>件 5</td><td>超差不得分</td><td></td><td></td></tr>
<tr><td>5</td><td>8</td><td>件 6</td><td>超差不得分</td><td></td><td></td></tr>
<tr><td>6</td><td>15</td><td>件 8</td><td>超差不得分</td><td></td><td></td></tr>
<tr><td>7</td><td>10</td><td>件 9</td><td>超差不得分</td><td></td><td></td></tr>
<tr><td>8</td><td>8</td><td>件 10</td><td>超差不得分</td><td></td><td></td></tr>
<tr><td>9</td><td rowspan="2">表面粗糙度及配孔（12 分）</td><td>6</td><td>配孔</td><td>超差不得分</td><td></td><td></td></tr>
<tr><td>10</td><td>6</td><td>$Ra3.2\ \mu m$</td><td>降级不得分</td><td></td><td></td></tr>
<tr><td>11</td><td rowspan="3">主观评分（10 分）</td><td>3.5</td><td colspan="2">已加工零件倒角、倒圆、去毛刺是否符合图样要求</td><td></td><td></td></tr>
<tr><td>12</td><td>3.5</td><td colspan="2">已加工零件是否有划伤、碰伤和夹伤</td><td></td><td></td></tr>
<tr><td>13</td><td>3</td><td colspan="2">已加工零件与图样要求的一致性以及其余表面粗糙度</td><td></td><td></td></tr>
<tr><td>14</td><td>更换添加毛坯（5 分）</td><td>5</td><td>是否更换添加毛坯</td><td>是 / 否</td><td></td><td></td></tr>
<tr><td rowspan="2">15</td><td rowspan="4">职业素养</td><td rowspan="4">扣分</td><td colspan="2">能正确穿戴工作服、工作鞋、安全帽等劳动保护用品。每违反一项，扣 2 分</td><td></td><td></td></tr>
<tr><td colspan="2">能按机床使用规范正确进行开关机、对刀等基本操作。每误操作一次，扣 2 分</td><td></td><td></td></tr>
<tr><td>16</td><td colspan="2">能规范使用、保养工具、量具和辅具。每违反操作一次，扣 2 分</td><td></td><td></td></tr>
<tr><td>17</td><td colspan="2">能做好设备清洁、保养工作。不清洁、不保养，扣 3 分；保养不彻底，扣 2 分</td><td></td><td></td></tr>
<tr><td colspan="3">总配分</td><td>100</td><td>总得分</td><td colspan="2"></td></tr>
</table>

世赛知识

第43届世界技能大赛于2015年8月11日至16日在巴西圣保罗举行。

中国代表团共派出32名选手参加其中29个项目的比赛，取得了5金6银4铜、11个优胜奖的优异成绩，创造了中国代表团参加世界技能大赛以来的最好成绩，实现了金牌零的突破。在塑料模具工程项目中来自广东省机械技师学院的选手黄灿杰获得铜牌。

黄灿杰，1995年8月6日出生，广东省机械技师学院2012级高级工班学生，全国选拔赛塑料模具工程项目第3名。

学习任务五　划 规 制 作

学习目标

1. 能接受划规制作任务，明确加工工期、加工要求，服从工作安排。

2. 能正确识读划规加工图样，掌握划规的结构特点，以及划规各部分加工所需达到的极限尺寸、极限偏差、表面质量要求。

3. 对照划规加工图样，能看懂划规加工工艺步骤，确定划规加工方法。

4. 能按加工工艺步骤完成划规各部分的加工并进行组装。

5. 能根据检测要求，正确选用量具并进行检测。

6. 能撰写工作总结，采用多种形式进行成果展示。

7. 掌握手工加工工作范围，能查找手工划规有关资料，具备获取理论信息的能力。

8. 能从划规制作过程中找到共性，总结规律，举一反三，具有自学新技术、新知识和积累经验的能力。

9. 能与主管、班组长及质检人员等相关人员进行有效沟通与合作，了解有效沟通、团队合作的重要性。

10. 能积极主动汇报工作成果，对划规制作过程中出现的问题进行反思和总结，优化方案和策略，具备知识迁移能力。

建议学时

40 学时

学习任务描述

某生产车间根据实际生产的需要，设计了一个划规的加工图样，考虑到是单件加工，经生产车间主管分析工艺后，决定该生产任务由模具工通过手工加工完成。

模具工接到生产车间主管分配的任务后，阅读任务单，识读图样和加工工艺卡，明确零件加工要求，制订工作计划并经主管审核后，方可根据工艺卡准备材料、工具、量具等。加工流程：检查划规坯料→加工划规左右两脚→铆接及精加工划规左右两脚→制作活动连板。在加工过程中遵循现场工作安全管理操作规范，在规定时间内加工完毕后先自检然后交质检员检测，合格后交付。划规零件图如图 5-0-1 所示，加工工艺步骤见表 5-0-1。

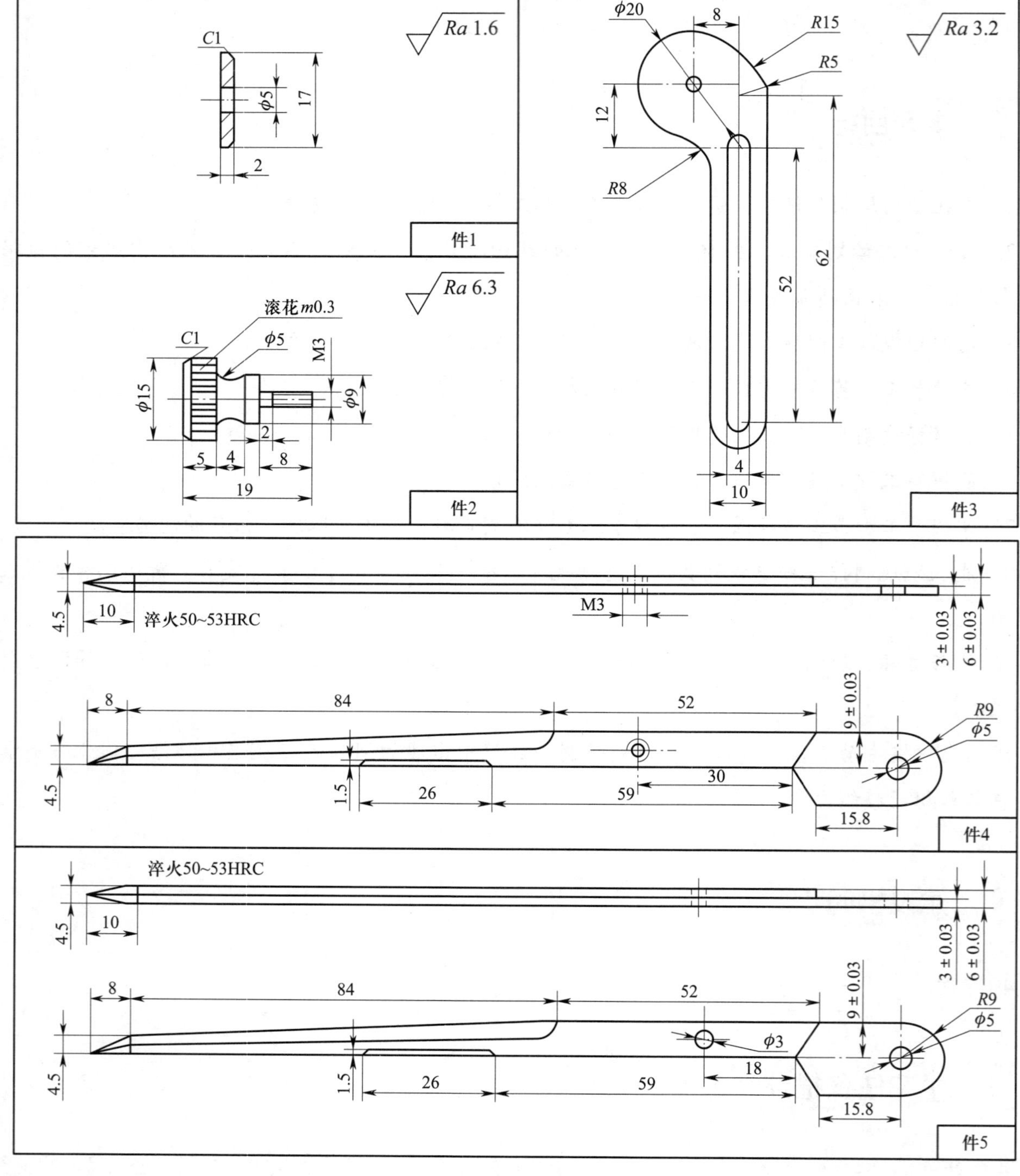

图 5-0-1　划规零件图

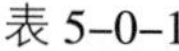

表 5-0-1　　划规加工工艺步骤

<table>
<tr><th>序号</th><th>工步名称</th><th>设备名称</th><th>设备型号</th><th>工具编号</th><th>工具名称</th><th colspan="2">工序内容</th><th>单位工时</th><th>备注</th></tr>
<tr><td>1</td><td>检查</td><td rowspan="7">台式钻床</td><td rowspan="7">Z516-1台钻</td><td></td><td>锤子、钢直尺</td><td colspan="2">对两划规脚毛坯进行形状及尺寸检查，并进行矫正</td><td></td><td></td></tr>
<tr><td>2</td><td>粗锉</td><td></td><td>锉刀、游标卡尺</td><td colspan="2">加工两划规脚外平面及内侧平面</td><td></td><td></td></tr>
<tr><td>3</td><td>划线</td><td></td><td>高度游标卡尺、V形铁、划针、钢直尺</td><td colspan="2">划线</td><td></td><td></td></tr>
<tr><td>4</td><td>锉配</td><td></td><td>锉刀、角度样板</td><td colspan="2">两划规脚角度锉配</td><td></td><td></td></tr>
<tr><td>5</td><td>钻攻</td><td></td><td>锉刀、钻头、丝锥、铰杠、锤子、样冲</td><td colspan="2">加工 $\phi 9$ mm 孔，两脚合并按线进行外形粗锉，并在右脚上攻 M3 螺纹孔</td><td></td><td></td></tr>
<tr><td>6</td><td>铆接、锉削</td><td></td><td>锤子、锉刀、木锤、铜锤、顶模、压紧冲头、罩模</td><td colspan="2">用 $\phi 5$ mm 铆钉铆接，精加工划规脚外形达到图样要求</td><td></td><td></td></tr>
<tr><td>7</td><td>锉削</td><td></td><td>锉刀、钢直尺、划针</td><td colspan="2">脚尖锉削成形，加工活动连板</td><td></td><td></td></tr>
<tr><td>8</td><td>铆接</td><td></td><td></td><td></td><td>木锤、铜锤、顶模、压紧冲头、锤子、罩模</td><td colspan="2">用 $\phi 3$ mm 铆钉铆接活动连板</td><td></td><td></td></tr>
<tr><td>9</td><td>检验</td><td></td><td></td><td></td><td>锉刀、砂布、游标卡尺、直角尺</td><td colspan="2">抛光、去毛刺、倒棱，全面质量复查</td><td></td><td></td></tr>
<tr><td>编制</td><td></td><td>审核</td><td></td><td>批准</td><td></td><td>会签</td><td></td><td>编制日期</td><td></td></tr>
</table>

学习工作流程

接受工作任务后，识读划规加工图样，获取划规的结构特点、尺寸要求等有效信息；按照加工工艺步骤，独立利用划针、钢直尺、高度游标卡尺等划线工具划出加工界线；采用锯削、锉削、钻孔、铆接、攻螺纹等加工方法加工出划规；选择符合检测要求的量具对划规进行自检，交检验人员验收合格后，填写工作单；工作完成后，按照现场管理规范清理场地、归置物品，并按照环保规定处置废弃物。

学习活动 1　接受工作任务，制订工作计划

学习活动 2　检查划规坯料

学习活动 3　加工划规左右两脚

学习活动 4　铆接及精加工划规左右两脚

学习活动 5　制作活动连板

学习活动 6　工作总结、成果展示、经验交流

学习活动1　接受工作任务，制订工作计划

学习目标

1. 能正确识读划规加工图样。
2. 能正确分析零件加工尺寸要求。
3. 能看懂划规加工工艺步骤。
4. 能制订合理的工作计划。
5. 能独立查阅划规的相关资料。

学习过程

1．如图5–1–1所示，写出划规各零件的名称。

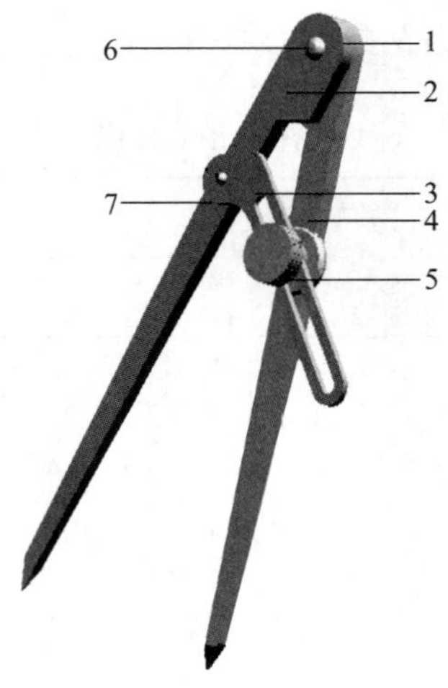

图5–1–1　划规

2．分析划规图样，确定其基本形状、基本尺寸及精度要求。

基本形状：

基本尺寸：

精度要求：

3．查阅工程制图资料，了解零件图的概念及三视图的绘制步骤。

零件图的概念：

三视图的绘制步骤：

4．小组讨论划规加工图样，对划规成品预期效果进行分析，完成表 5–1–1 的填写。

表 5–1–1　　划规成品预期效果

<table>
<tr><td>时间</td><td></td><td>主题</td><td>划规成品预期效果</td></tr>
<tr><td>主持人</td><td></td><td>成员</td><td></td></tr>
<tr><td>讨论过程</td><td colspan="3"></td></tr>
<tr><td>结论</td><td colspan="3"></td></tr>
</table>

5．利用手工方式或者计算机软件绘制划规三视图。

6．根据划规加工工艺步骤，在表 5–1–2 中写出所用的工具、量具。

表 5–1–2 所用的工具、量具

序号	名称	规格	用途	备注
1				
2				
3				
4				
5				
6				
7				

7．根据划规加工工艺步骤，安排划规加工工作进度，完成表 5–1–3 的填写。

表 5–1–3 划规加工工作进度

序号	开始时间	结束时间	工作内容	工作要求	设备
1					
2					
3					
4					
5					
6					
7					

8．根据小组成员特点，完成工作进度计划中的分工，填写在表 5–1–4 中。

表 5–1–4　　工作进度计划中的分工

小组成员姓名	成员特点	小组中的分工	备注

学习活动 2　检查划规坯料

学习目标

1. 能正确检查划规坯料。
2. 能正确矫正划规坯料。

学习过程

1．写出矫正的定义和分类，并分析矫正的实质。

矫正的定义：

矫正的分类：

矫正的实质：

2．查阅相关资料，了解常用手工矫正工具的名称及应用特点，完成表 5–2–1 的填写。

表 5–2–1 手工矫正工具的名称及应用特点

序号	图示	工具名称	应用特点
1			
2	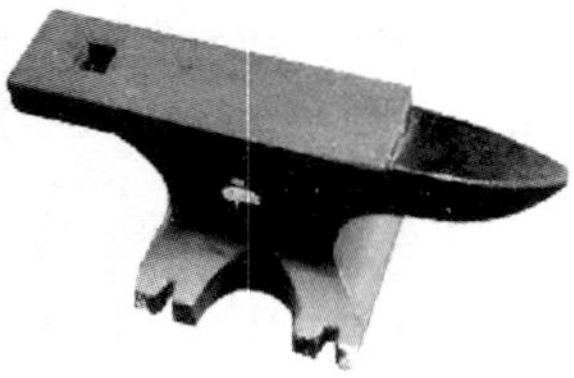		
3	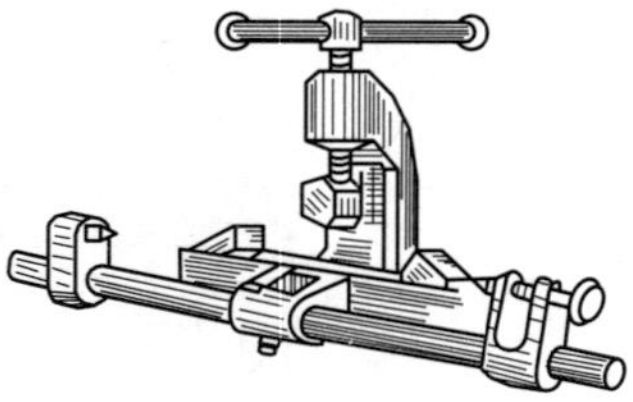		
4	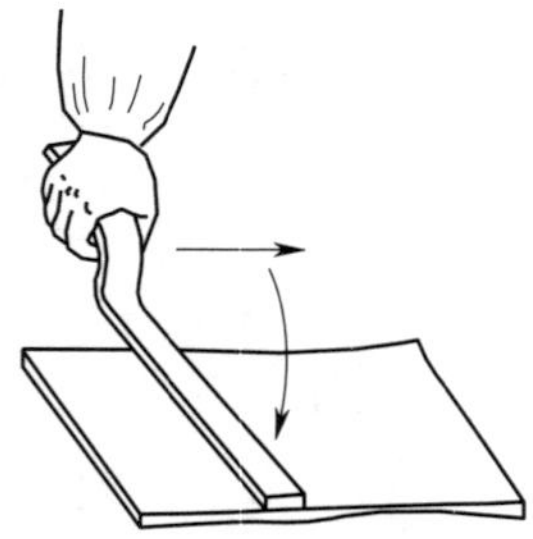		
5			

3．查阅相关资料，了解常用矫正方法的特点，完成表 5–2–2 的填写。

表 5–2–2　　常用矫正方法的特点

序号	矫正方法	图示	矫正特点
1	延展法		
2	弯形法		
3	扭转法		
4	伸张法	圆木块	

4．检查划规坯料的形状、尺寸、平直情况，将检查结果及处理方法填写在表 5–2–3 中。

表 5–2–3　　划规坯料的检查结果

序号	检查项目	检查结果	处理方法
1	坯料形状是否满足加工要求		
2	坯料尺寸是否满足加工要求		
3	坯料是否平直		

5．检查坯料平面度是否合格，如不合格，应该如何进行矫正?

学习活动 3　加工划规左右两脚

学习目标

1. 能按划规图样，正确划出划规两脚的加工界线。
2. 能按图样及工艺要求制作划规两脚。
3. 能进行钻孔、攻螺纹和铰孔加工。

学习过程

1．锉削划规两脚的基准面。

（1）写出厚度为 6 mm 的外平面的技术要求。

（2）写出宽度为 9 mm 的内平面的技术要求。

2．锉配两划规脚角度。

（1）写出划 3 mm 加工线的步骤。

（2）写出划内外 120°角加工线的步骤。

（3）根据划规图样，在表 5-3-1 中写出锉配两划规脚角度的技术要求。

表 5-3-1　　锉配两划规脚角度的技术要求

序号	加工步骤	技术要求
1	锉 120°内角	
2	锉 3 mm 尺寸	
3	锉 120°外角	
4	120°内外角配合	

3．钻削 ϕ5 mm 孔。

（1）写出划 ϕ5 mm 孔位线的步骤。

（2）如图 5-3-1 所示为标准麻花钻的切削部分，写出其各部分的名称。

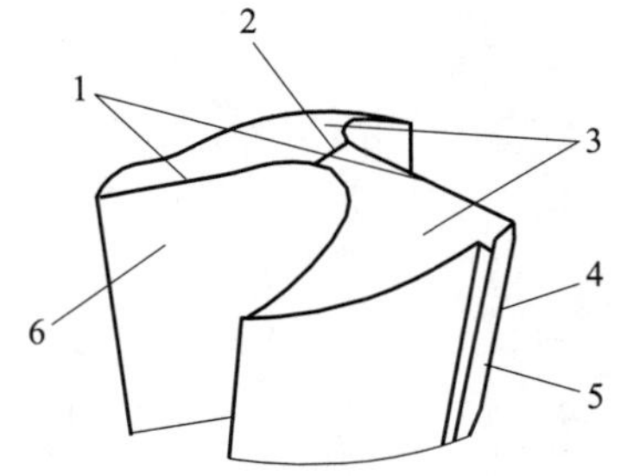

图 5-3-1　标准麻花钻的切削部分

（3）分析标准麻花钻的结构，写出其各部分的作用。

（4）在图 5-3-2 中，标注出标准麻花钻切削部分的顶角、横刃斜角以及主切削刃上 *A* 点的前角和后角。

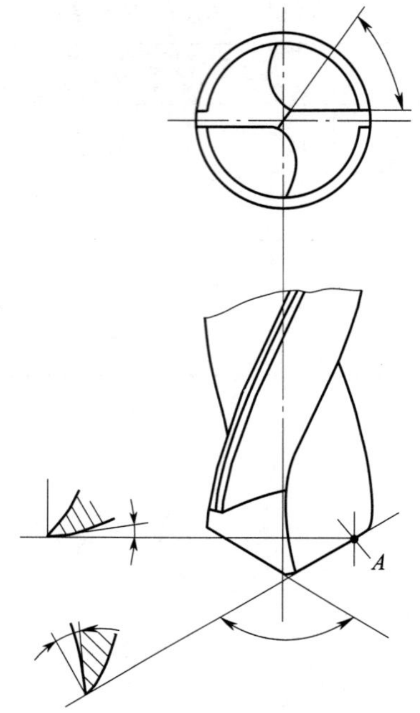

图 5-3-2　标准麻花钻切削部分的参数

（5）抄写并熟记砂轮机的安全操作规程。

（6）在表 5–3–2 中填写刃磨 ϕ5 mm 标准麻花钻的操作要领。

表 5–3–2　　刃磨 ϕ5 mm 标准麻花钻的操作要领

序号	刃磨步骤	图示	操作要领
1	刃磨两主后面	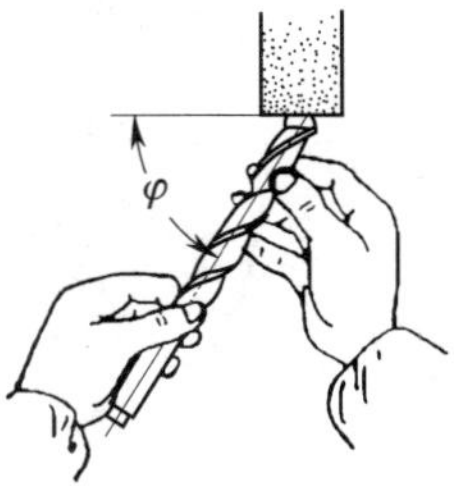 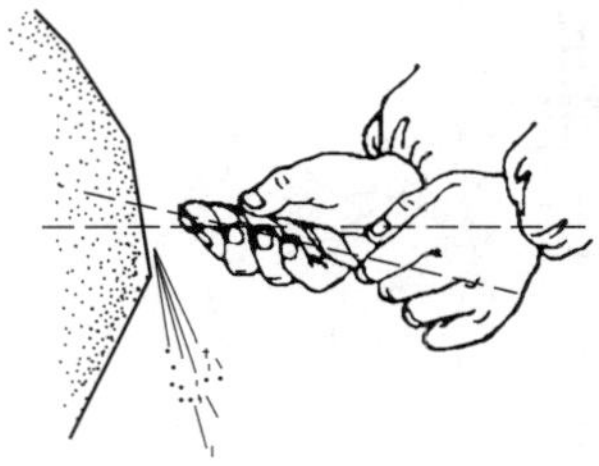 φ	
2	刃磨检验	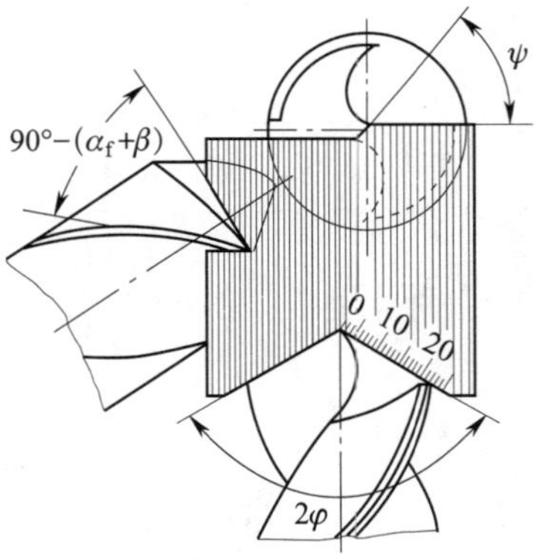 $90°-(\alpha_f+\beta)$　ψ　0 10 20　2φ	
3	修磨横刃	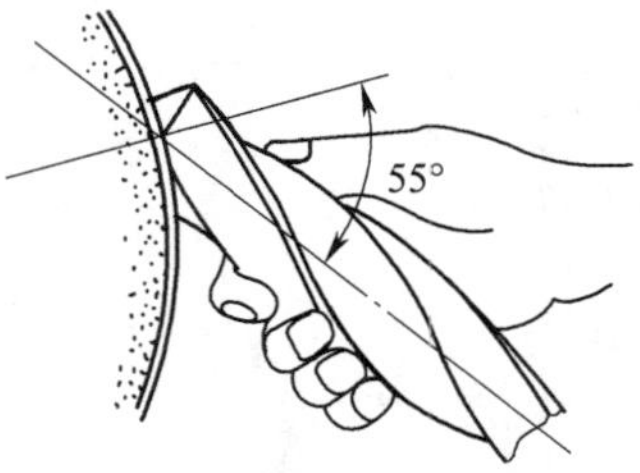 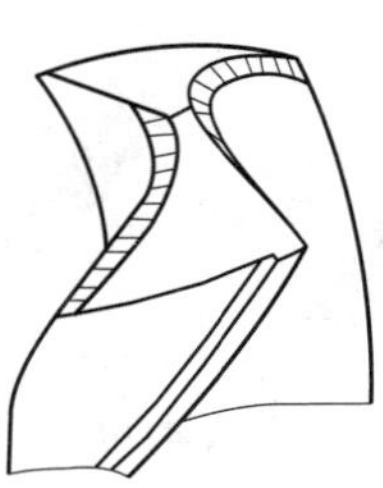 55°	

续表

序号	刃磨步骤	图示	操作要领
4	修磨圆弧刃	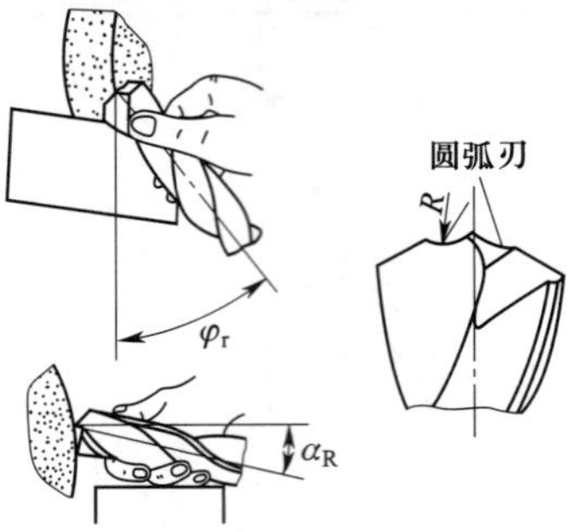 圆弧刃 R φ_r α_R	
5	修磨分屑槽	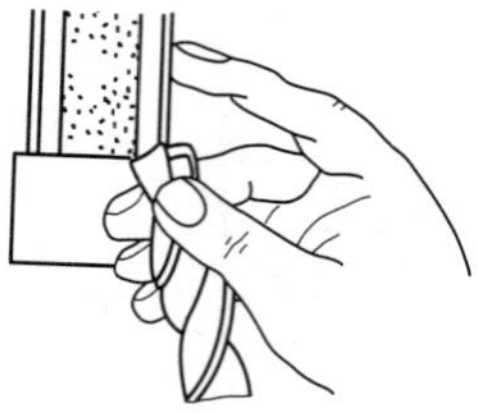	

（7）写出刃磨钻头时的注意事项。

4．铰削 ϕ5 mm 孔。

（1）铰孔精度一般可达____________级，表面粗糙度值 *Ra* 可达____________。

（2）查阅相关资料，写出图 5-3-3 所示各种类型铰刀的结构特点与应用场合。

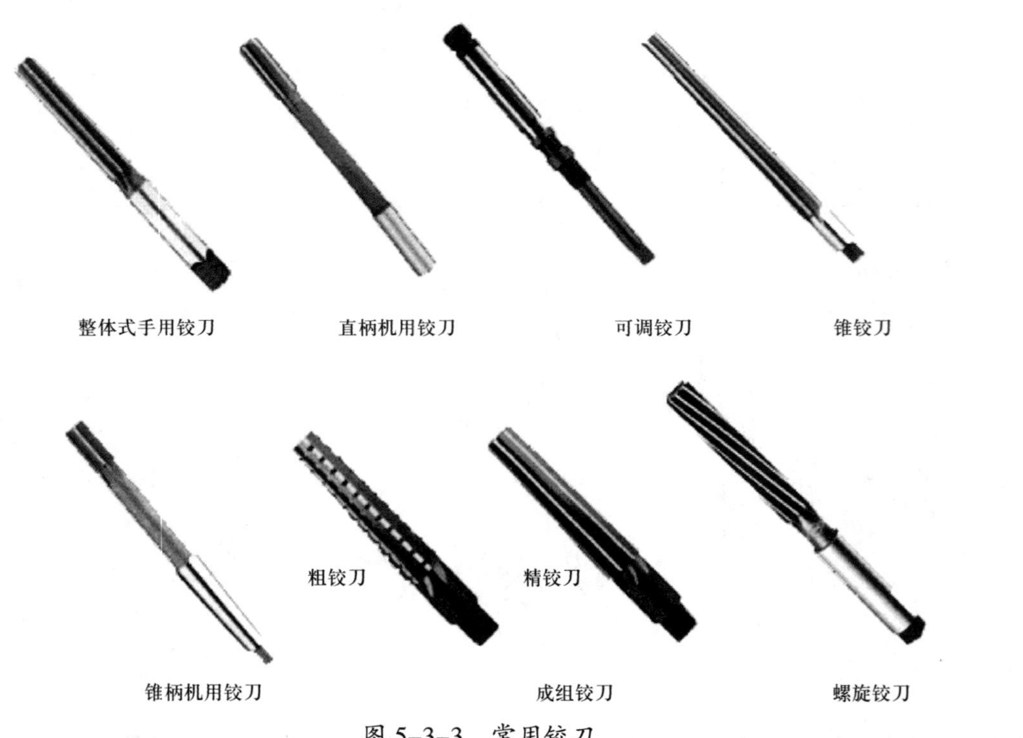

图 5-3-3　常用铰刀

（3）查阅相关资料，写出选择铰削用量的原则，并确定件 4、件 5 中 $\phi 5$ mm 孔的铰削余量。

（4）写出铰削 $\phi 5$ mm 孔的操作要点。

5．锉削划规两脚外形尺寸。

（1）写出划 9 mm、18 mm、6 mm 加工线的步骤。

（2）写出锉削划规两脚外形的技术要点。

6．攻 M3 螺纹。

（1）计算攻 M3 螺纹时底孔直径的大小。

（2）写出划底孔加工线的步骤。

（3）在图 5–3–4 中标出丝锥各组成部分的名称。

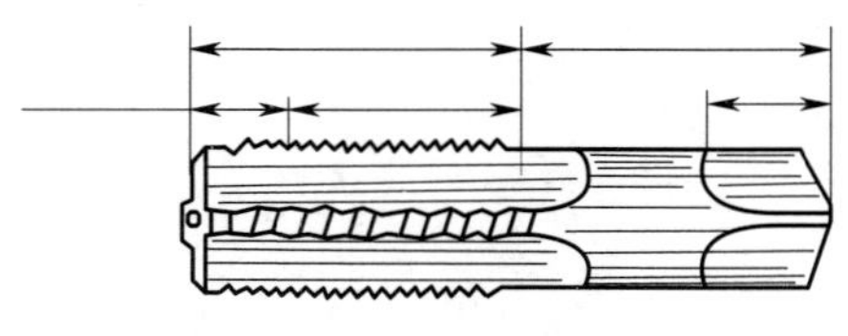

图 5–3–4　丝锥

（4）写出攻 M3 螺纹的操作步骤。

（5）写出攻螺纹时的注意事项。

（6）查阅相关资料，分组讨论攻螺纹质量问题产生的原因，填写表 5-3-3。

表 5-3-3 攻螺纹质量问题产生的原因

<table>
<tr><td>时间</td><td></td><td>主题</td><td colspan="2">攻螺纹质量问题产生的原因</td></tr>
<tr><td>主持人</td><td></td><td>成员</td><td colspan="2"></td></tr>
<tr><td rowspan="6">讨论过程</td><td colspan="2">质量问题</td><td colspan="2">产生原因</td></tr>
<tr><td colspan="2">螺纹乱牙</td><td colspan="2"></td></tr>
<tr><td colspan="2">螺纹滑牙</td><td colspan="2"></td></tr>
<tr><td colspan="2">螺纹歪斜</td><td colspan="2"></td></tr>
<tr><td colspan="2">螺纹形状不完整</td><td colspan="2"></td></tr>
<tr><td colspan="2">丝锥折断</td><td colspan="2"></td></tr>
<tr><td>结论</td><td colspan="4"></td></tr>
</table>

学习活动 4　铆接及精加工划规左右两脚

学习目标

1. 能对划规进行活动铆接。
2. 能按图样要求对划规进行精加工。

学习过程

1．铆接两划规脚。

（1）查阅相关资料，写出铆接的定义及特点。

（2）查阅相关资料，将不同种类铆接的结构特点及应用填写在表 5-4-1 中。

表 5-4-1　不同种类铆接的结构特点及应用

<table>
<tr><th colspan="3">铆接的种类</th><th>结构特点及应用</th></tr>
<tr><td rowspan="4">按使用要求分类</td><td colspan="2">活动铆接</td><td></td></tr>
<tr><td rowspan="3">固定铆接</td><td>强固铆接</td><td></td></tr>
<tr><td>紧密铆接</td><td></td></tr>
<tr><td>强密铆接</td><td></td></tr>
<tr><td rowspan="3">按铆接方法分类</td><td colspan="2">冷铆</td><td></td></tr>
<tr><td colspan="2">热铆</td><td></td></tr>
<tr><td colspan="2">混合铆</td><td></td></tr>
</table>

（3）查阅相关资料，结合图 5–4–1 写出铆接工具的名称。

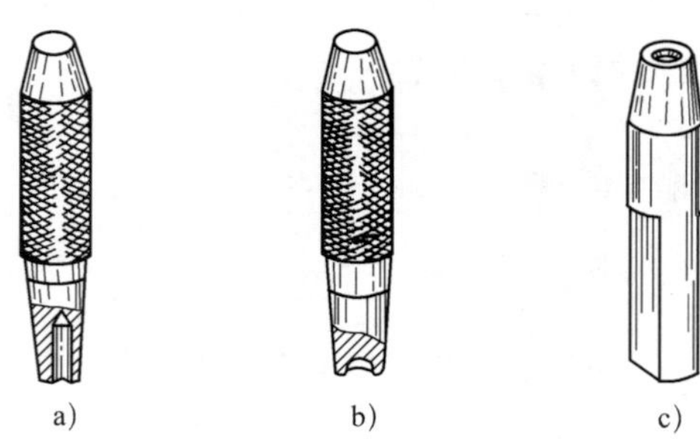

图 5–4–1 铆接工具

图 a：__________；图 b：__________；图 c：__________。

（4）查阅相关资料，了解铆钉的种类及应用，完成表 5–4–2 的填写。

表 5–4–2 铆钉的种类及应用

名称	形状	应用
平头铆钉		
半圆头铆钉		
沉头铆钉		
半圆沉头铆钉		
管状空心铆钉		
皮带铆钉		

（5）查阅相关资料，结合图 5–4–2 写出常见的铆接形式。

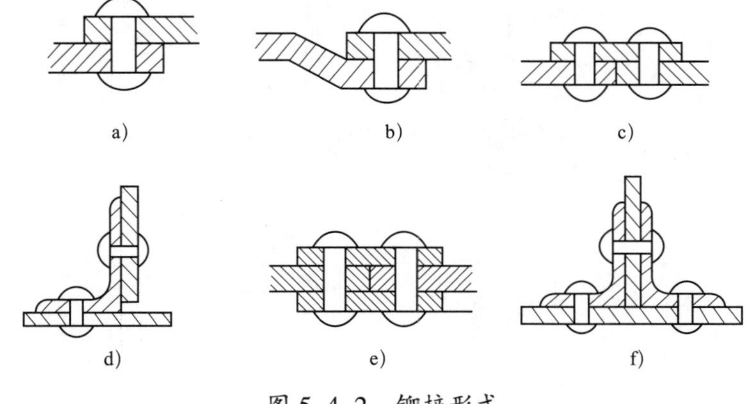

图 5–4–2 铆接形式

图 a：＿＿＿＿＿＿；图 b：＿＿＿＿＿＿；图 c：＿＿＿＿＿＿；

图 d：＿＿＿＿＿＿；图 e：＿＿＿＿＿＿；图 f：＿＿＿＿＿＿。

（6）查阅相关资料，结合图 5–4–3 写出铆钉型号的含义。

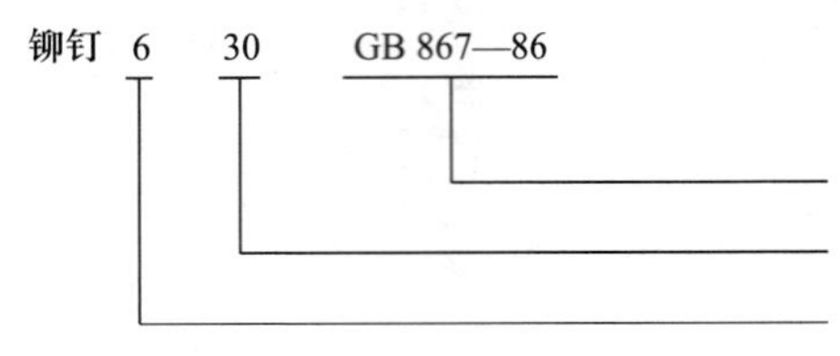

图 5–4–3 铆钉型号的含义

（7）根据铆钉孔直径 5 mm 和划规两脚铆接部位厚度 3 mm，选择铆钉直径与长度。

（8）结合图 5–4–4，试述半圆头铆钉的铆接过程。

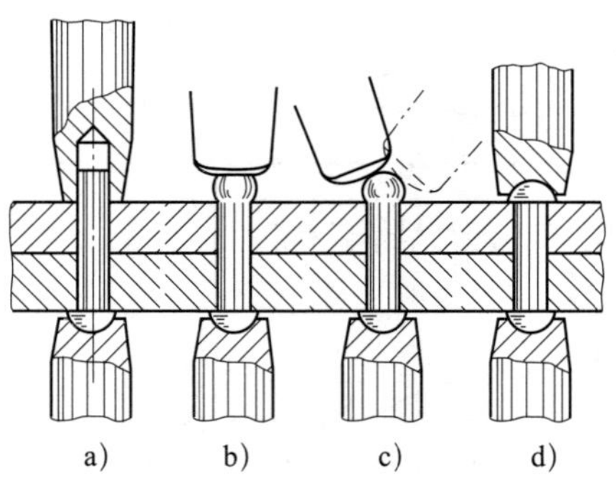

图 5–4–4 半圆头铆钉的铆接过程

2．查阅相关资料，小组讨论如何保证铆接后两脚转动的松紧程度，完成表 5–4–3 的填写。

表 5–4–3　　如何保证铆接后两脚转动的松紧程度

时间		主题	如何保证铆接后两脚转动的松紧程度
主持人		成员	
讨论过程			
结论			

3．精加工外形尺寸。

（1）写出外形尺寸及精度要求。

（2）写出 $R9$ mm 圆弧的加工步骤。

4．加工倒角、内侧捏手槽及脚尖。

（1）写出外侧倒角线及内侧捏手槽位置线的划线步骤。

（2）写出加工外侧倒角线及内侧捏手槽的技术要点。

（3）写出加工划规脚尖时应注意的问题。

学习活动 5　制作活动连板

学习目标

1. 能按图样加工出活动连板。
2. 能正确配钻铆钉孔并铆接活动连板。
3. 能完成划规活动连板的组装。
4. 能按要求对划规加工质量进行检测。

学习过程

1．分析活动连板中间槽的加工过程，写出技术要点。

2．写出配钻 ϕ3 mm 孔的技术要点。

3．分析活动连板的铆接过程，写出技术要点。

4．根据图样要求，对划规加工质量进行检测，将测量到的项目数值填入表 5–5–1 中，备注项中填入量具规格或测量方法，并对不合格项进行原因分析。

表 5–5–1　　　　　　　　　　　　划规加工质量的检测

序号	项目名称	图样要求	实测数值	备注
1				
2				
3				
4				
5				
6				
7				
8				
9				
10				
11				

不合格项原因分析：

学习活动 6　工作总结、成果展示、经验交流

学习目标

1. 能正确规范地撰写总结。
2. 能采用多种形式进行成果展示。
3. 能有效地进行工作反馈与经验交流。

学习过程

1．写出制作划规的工作情况总结。

2．写出成果展示方案。

3．写出完成本任务的心得体会及今后努力的方向。

评价与分析

划规加工综合评分表

序号	名称	配分	项目与技术要求	评分标准	检测记录	得分
1	主要尺寸（48 分）	8	（3 ± 0.03）mm	超差不得分		
2		8	（6 ± 0.03）mm	超差不得分		
3		8	（9 ± 0.03）mm	超差不得分		
4		8	10 mm	超差 ± 0.05 mm 不得分		
5		8	4.5 mm	超差 ± 0.1 mm 不得分		
6		8	8 mm	超差 ± 0.1 mm 不得分		
7	次要尺寸（25 分）	5	件 1	超差不得分		
8		5	件 2	超差不得分		
9		5	件 3	超差不得分		
10		4	件 4 其他尺寸	超差不得分		
11		6	件 5 其他尺寸	超差不得分		
12	表面粗糙度及硬度（12 分）	6	淬火 50 ~ 53HRC	不合格不得分		
13		6	*Ra*3.2 μm	降级不得分		
14	主观评分（10 分）	3.5	已加工零件倒角、倒圆、去毛刺是否符合图样要求			
15		3.5	已加工零件是否有划伤、碰伤和夹伤			
16		3	已加工零件与图样要求的一致性以及其余表面粗糙度			
17	更换添加毛坯（5 分）	5	是否更换添加毛坯	是 / 否		

续表

序号	名称	配分	项目与技术要求	评分标准	检测记录	得分
18	职业素养	扣分	能正确穿戴工作服、工作鞋、安全帽等劳动保护用品。每违反一项，扣2分			
19			能按机床使用规范正确进行开关机、对刀等基本操作。每误操作一次，扣2分			
20			能规范使用、保养工具、量具和辅具。每违反操作一次，扣2分			
21			能做好设备清洁、保养工作。不清洁、不保养，扣3分；保养不彻底，扣2分			
总配分			100	总得分		

世赛知识

第44届世界技能大赛于2017年10月在阿联酋阿布扎比举行，来自世界技能组织的59个成员国和地区的1 200余名选手在50个项目展开角逐。

我国52名选手在47个项目的比赛中取得了15金、7银、8铜和12个优胜奖的优异成绩，位列奖牌榜第1名。在塑料模具工程项目中，来自广东省机械技师学院的选手张志斌获得首枚金牌。

张志斌，1996年出生，2012年入学广东省机械技师学院。

2014年5月，获得第43届世界技能大赛塑料模具工程项目广东省选拔赛第1名。

2014年7月，获得第43届世界技能大赛塑料模具工程项目全国选拔赛第1名，进入国家集训队。

2017年6月，获得第44届世界技能大赛塑料模具工程项目2进1选拔赛第1名。

2017年10月，获得第44届世界技能大赛塑料模具工程项目金牌。

学习任务六　平 板 制 作

学习目标

1. 能严格执行平板刮削的安全操作规程和现场管理规定。

2. 能根据平板的技术要求，正确选用工具、量具。

3. 能正确维护工具并确保其处于最佳的工作状态。

4. 能叙述平板材质和铸造工艺特点。

5. 能规范、熟练地使用和保养百分表、塞尺等通用量具。

6. 能正确配制显示剂。

7. 能正确刃磨平面刮刀。

8. 能采用目测、涂色等检测手段检测平板的精度。

9. 能按照工艺步骤完成平板制作任务。

10. 能采用合理的方法保养平板。

11. 能在作业过程中严格执行企业操作规范，清理场地，归置物品；执行环保管理制度，处理废弃物；执行“6S”管理规范，遵守从业人员的职业道德。

12. 能与班组长、工具管理员等相关人员进行有效沟通与合作，了解有效沟通、团队合作的重要性。

13. 能积极主动展示、汇报工作成果，对学习和工作过程中出现的问题进行反思和总结，优化方案和策略，具备知识迁移能力。

40 学时

学习任务描述

某生产车间急需一个划线平板（见图 6–0–1），其尺寸规格为 220 mm × 150 mm，要求在规定时间内，采用刮削的加工方法完成制作，达到 1 级平板精度等级。经生产车间主管分析工艺后，决定该生产任务由模具工通过手工加工完成。

模具工从生产车间主管处接受工作任务，阅读任务单，制订工作计划并经师傅审核后，在师傅的指导下进行工艺分析，明确零件加工的技术要求，确定加工方法，做好工作准备，然后刮削和检测平板。加工完成后自检，自检后交质检员检验，合格后交付。在工作过程中遵循现场工作管理规范。

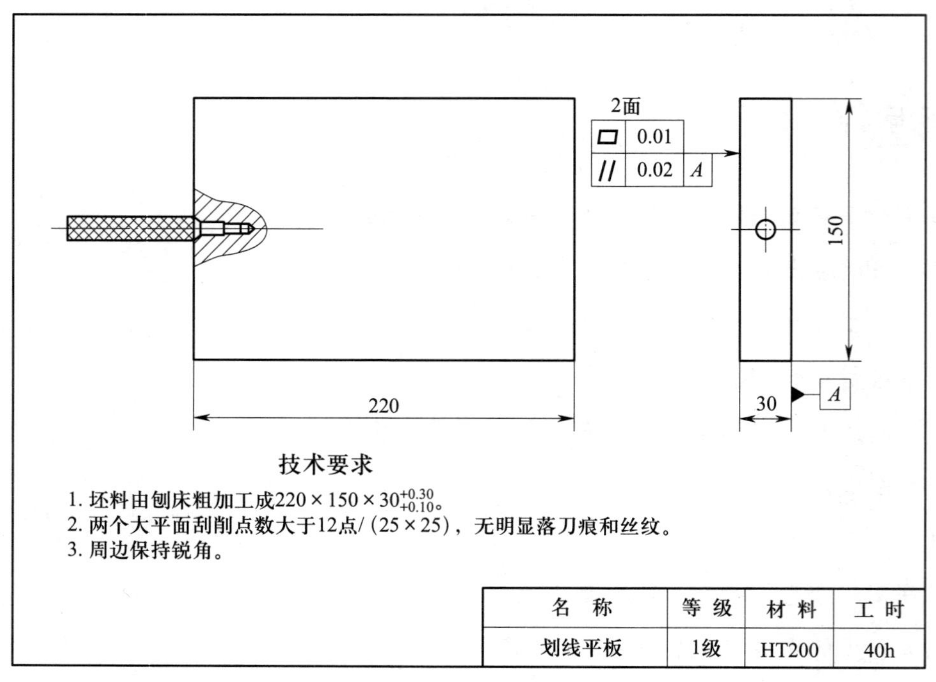

名 称	等 级	材 料	工 时
划线平板	1级	HT200	40h

图 6-0-1　划线平板零件图

学习工作流程

学习活动 1　接受工作任务，制订工作计划

学习活动 2　工艺分析，确定加工方法和步骤

学习活动 3　刮削、检测平板

学习活动 4　工作总结、成果展示、经验交流

学习活动 1　接受工作任务，制订工作计划

学习目标

1. 能严格执行平板刮削的安全操作规程和现场管理规定。

2. 能叙述平板材质和铸造工艺特点。

3. 能制订合理的工作进度计划。

学习过程

1．查阅相关资料，写出平板的类型及作用。

2．按照国家标准，平板共分为 4 个精度等级。查阅相关资料，详细说明 1 级精度等级平板的技术要求和用途。

3．平板常用的材料有哪些?

4．铸铁平板毛坯是通过什么工艺方法成形的?这种工艺方法有什么特点?

5．分析图样，查阅相关资料，说明平板刮削前经过了哪些加工工艺步骤。

6．查阅相关资料，说明刮削的特点有哪些。

7．查阅相关资料，说明刮削的安全操作规程包括哪些内容。

8．小组讨论，合理安排刮削工作进度计划，完成表 6–1–1 的填写。

表 6–1–1　刮削工作进度计划

序号	工作内容	工作要求	开始时间	结束时间	备注

9．根据小组成员特点，完成工作进度计划中的分工，填写在表 6–1–2 中。

表 6–1–2　刮削工作进度计划中的分工

小组成员姓名	成员特点	小组中的分工	备注

学习活动 2　工艺分析，确定加工方法和步骤

学习目标

能制订平板制作的加工工艺步骤。

学习过程

1．观看视频，写出平面刮削的基本方法及操作要点。

2．查阅相关资料，将刮削步骤的研点要求和操作要点填写在表 6–2–1 中。

表 6–2–1　　刮削步骤的研点要求和操作要点

项目	研点要求	操作要点	备注
粗刮			
细刮			
精刮			
刮花			

3．刮削标准中原始平板一般可分为正研和对角研两个步骤进行，查阅相关资料，了解正研和对角研的方法和步骤。

（1）写出正研的方法和步骤。

（2）写出对角研的方法和步骤。

4．按照3块平板循环进行刮削的方式，每3人一组，详细制订平板刮削的加工工艺步骤，完成表6–2–2的填写。

表6–2–2　　制订平板刮削的加工工艺步骤

组别		组长		组员	
小组讨论	产品分析				
	制订加工工艺步骤				
	工具、量具准备				
备注					

学习活动3　刮削、检测平板

学习目标

1. 能正确选择刮刀。
2. 能正确刃磨平面刮刀。
3. 能根据工作计划选择和配置最合适的工具。
4. 能正确维护工具并确保其处于最佳的工作状态。
5. 能采用合理的工艺方法刮削平板，并达到1级精度。
6. 能正确使用和保养百分表与塞尺。
7. 能根据平板的检验标准检测平板的刮削质量。

学习过程

1．刮刀的种类有哪些?

2．平面刮削应该准备哪些工具和量具？在表 6–3–1 中填写它们的名称及规格。

表 6–3–1　　平面刮削需准备的工具和量具

序号	名称	规格

3．根据工作计划选择和配置最合适的工具。

（1）查阅相关资料或咨询教师，写出领取工具、量具时应遵循的规定，并按规定领取工具、量具。

（2）领取的工具、量具规格是否满足加工的需要?

4．查阅相关资料，画出平面刮刀工作部分的形状并标注刮刀的角度。

5．修磨刮刀时应注意哪些问题?

6．平面刮削常用的显示剂有哪些?

7．写出红丹粉的调配方法和步骤。

8．刮削标准用具也称研具，如图 6–3–1 所示，主要用于检验刮削质量、鉴定表面的接触精度。查阅相关资料，写出以下刮削标准用具的用途。

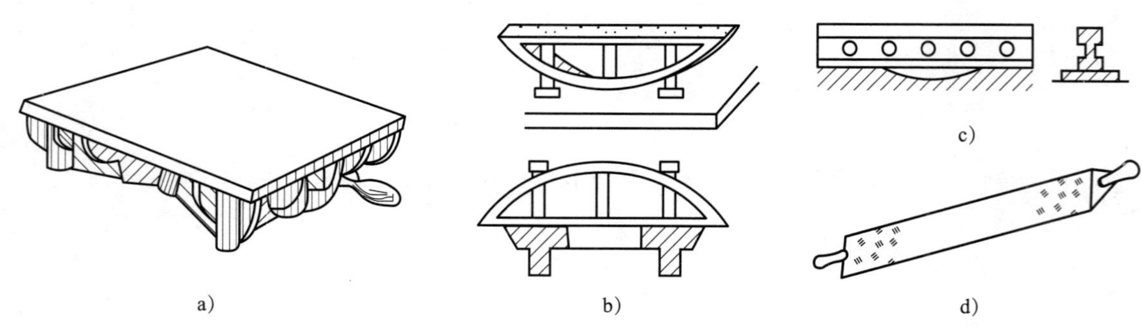

图 6–3–1　刮削标准用具

a）标准平板　b）、c）标准直尺　d）标准角度直尺

（1）标准平板的用途：

（2）标准直尺的用途：

（3）标准角度直尺的用途：

9．刮削前，工件表面必须经过精铣或精刨等精加工。由于刮削的切削量小，因此刮削前的余量一般为 0.05 ~ 0.4 mm，具体根据刮削面积而定。根据表 6–3–2 选择本任务中平板的刮削余量为________。

表 6–3–2　　平面的刮削余量

平面宽度 /mm	平面长度 /mm				
	100 ~ 500	500 ~ 1 000	1 000 ~ 2 000	2 000 ~ 4 000	4 000 ~ 6 000
<100	0.10	0.15	0.20	0.25	0.30
100 ~ 500	0.15	0.20	0.25	0.30	0.40

10．写出百分表的读数方法和刻线原理。百分表应如何保养?

11．塞尺的用途是什么？应如何保养?

12．刮削质量检验。

（1）划线平板零件图样中的“两个大平面刮削点数大于 12 点 /（25 mm×25 mm），无明显落刀痕和丝纹”应如何检验?

（2）写出使用塞尺检测平面度 | ⏥ | 0.01 | 的方法和操作步骤。

（3）写出使用百分表检测 | // | 0.02 | A | 的方法和操作步骤。

13．在表 6–3–3 中填写刮削平板自检记录。

表 6–3–3　　刮削平板自检记录

序号	检测部位	形状精度	位置精度	尺寸精度	表面粗糙度
1					
2					
3					
4					
5					
6					
7					
8					

14．如何保养铸铁平板?

学习活动 4　工作总结、成果展示、经验交流

学习目标

1. 能正确规范地撰写总结。

2. 能采用多种形式进行成果展示。

3. 能有效进行工作反馈与经验交流。

4. 能与同学、队友和其他专业人员进行有效沟通与合作。

学习过程

1．分析刮削过程中缺陷产生的原因，填写在表 6–4–1 中。

表 6–4–1　　刮削过程中缺陷产生的原因

缺陷形式	特征	产生原因
振痕		
划痕		
丝纹		
深凹痕		
落刀痕或起刀痕		
接触点达不到要求		

2．刮削后的工件表面，按接触斑点、平面度和直线度等形状公差值来检验。检验时用边长 25 mm 的方框罩在与校准工具配研过的被检查表面上，检测框内接触斑点的数量。在表 6–4–2 中写出不同种类平面的应用范围。

表 6-4-2　　　　　　　　　　不同种类平面的应用范围

平面种类	接触点数	应用范围
普通平面	2 ~ 5	
	5 ~ 8	
	8 ~ 12	
	12 ~ 16	
精密平面	16 ~ 20	
	20 ~ 25	
超精密平面	>25	

3．写出工作总结和评价。

4．进行有效沟通与合作，以小组为单位通过展示板、视频资料等形式充分展示制作好的平板，并推荐代表进行解说。

评价与分析

平板加工综合评分表

<table>
<tr><th>序号</th><th>名称</th><th>配分</th><th>项目与技术要求</th><th>评分标准</th><th>检测记录</th><th>得分</th></tr>
<tr><td>1</td><td>平面度（20分）</td><td>20</td><td>⏥ 0.01</td><td>超差不得分</td><td></td><td></td></tr>
<tr><td>2</td><td>平行度（20分）</td><td>20</td><td>// 0.02 A</td><td>超差不得分</td><td></td><td></td></tr>
<tr><td>3</td><td>表面粗糙度（10分）</td><td>10</td><td>测量面表面粗糙度值 $Ra1.6\ \mu m$（工作平面）</td><td>降级不得分</td><td></td><td></td></tr>
<tr><td>4</td><td rowspan="5">主观评分（50分）</td><td>10</td><td colspan="2">能合理做好刮削前的准备工作</td><td></td><td></td></tr>
<tr><td>5</td><td>10</td><td colspan="2">能正确刃磨粗刮刀、细刮刀、精刮刀、刮花刀</td><td></td><td></td></tr>
<tr><td>6</td><td>10</td><td colspan="2">能正确使用百分表检测平面度误差</td><td></td><td></td></tr>
<tr><td>7</td><td>10</td><td colspan="2">刮削姿势正确</td><td></td><td></td></tr>
<tr><td>8</td><td>10</td><td colspan="2">能正确调制出显示剂</td><td></td><td></td></tr>
<tr><td>9</td><td rowspan="5">职业素养</td><td rowspan="5">扣分</td><td colspan="2">能正确穿戴工作服、工作鞋、安全帽等劳动保护用品。每违反一项，扣2分</td><td></td><td></td></tr>
<tr><td>10</td><td colspan="2">能按机床使用规范进行正确开关机、对刀等基本操作。每误操作一次，扣2分</td><td></td><td></td></tr>
<tr><td>11</td><td colspan="2">能规范使用保养工具、量具和辅具。每违反操作一次，扣2分</td><td></td><td></td></tr>
<tr><td>12</td><td colspan="2">能做好设备清洁、保养工作。不清洁、不保养，扣3分；保养不彻底，扣2分</td><td></td><td></td></tr>
<tr><td>13</td><td colspan="2">能严格执行平板刮削的安全操作规程和现场管理规定</td><td></td><td></td></tr>
<tr><td colspan="3">总配分</td><td>100</td><td>总得分</td><td colspan="2"></td></tr>
</table>

学习任务七　V 形铁制作

学习目标

1. 能应用 AutoCAD 软件抄画 V 形铁零件图样。

2. 能根据任务书、零件图样加工要求，通过查阅《机械制图》《机械基础》等书籍，了解并说出图样中对称度等位置公差的含义。

3. 通过查阅《铣工加工工艺》书籍，能熟练选择合适的铣削加工切削用量。

4. 能规范、熟练地使用游标万能角度尺，对 V 形铁进行检测并判断加工质量，分析误差产生的原因，优化加工策略。

5. 能规范、熟练地使用百分表，对 V 形铁进行对称度等位置公差的检测并判断加工质量，分析误差产生的原因，优化加工策略。

6. 能利用锉刀刃磨出刮刀。

7. 能用手刮法刮削 V 形铁。

8. 能与班组长、工具管理员等相关人员进行有效沟通与合作，了解有效沟通、团队合作的重要性。

9. 能积极主动展示、汇报工作成果，对学习和工作过程中出现的问题进行反思和总结，优化方案和策略，具备知识迁移能力。

建议学时

40 学时

学习任务描述

某生产车间需要生产一批 V 形铁，如图 7-0-1 所示。V 形铁加工质量要求较高，经生产车间主管分析工艺后，决定该生产任务由模具工通过手工加工完成。

模具工从生产车间主管处接受工作任务，阅读任务单，制订工作计划并经师傅审核后，在师傅的指导下进行工艺分析，明确零件加工的技术要求，确定加工方法，做好工作准备。在铣削加工后，对刮刀进行刃磨，采用刮刀对 V 形铁进行刮削以便提高加工质量。加工完成后自检，自检后交质检员检验，合格后交付。在工作过程中遵循现场工作管理规范。V 形铁零件图如图 7–0–1 所示，V 形铁加工工艺卡见表 7–0–1。

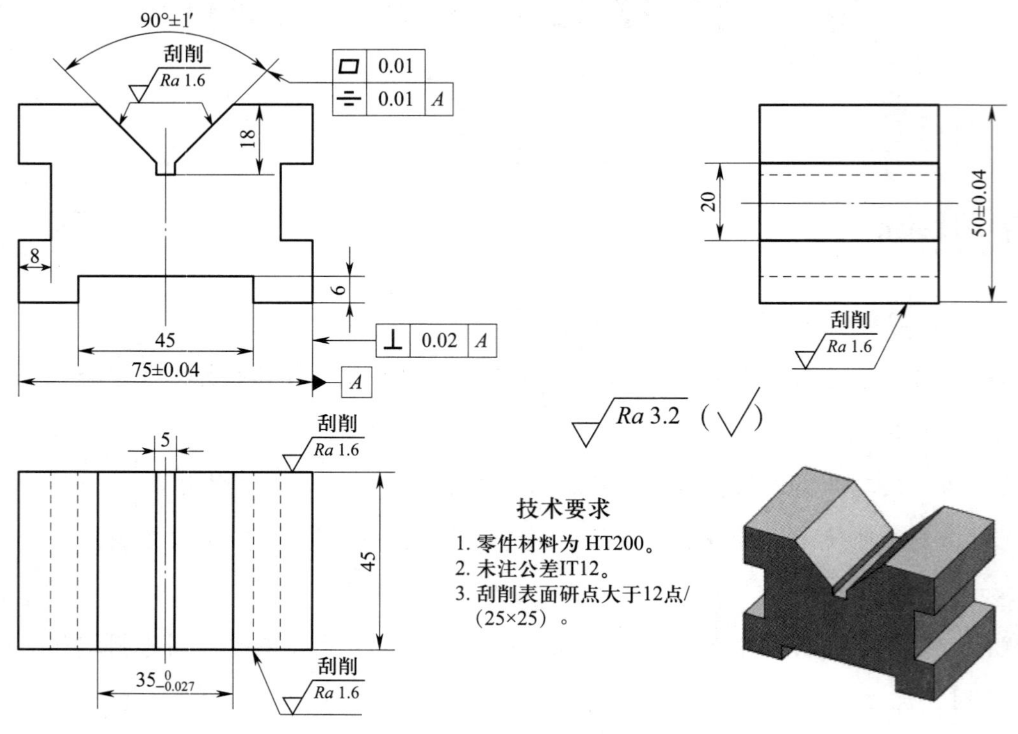

图 7–0–1　V 形铁零件图

表 7–0–1　　V 形铁加工工艺卡

工序	工步	操作内容	精度要求	主要工具、量具
1. 铣削	（1）外形加工	装夹工件 装夹刀具 铣削六方体	长：（75 ± 0.04）mm 宽：45 mm 高：（50 ± 0.04）mm 四周垂直度：0.02 mm 表面粗糙度值：*Ra*3.2 μm	游标卡尺 千分尺 刀口形直角尺 锉刀 盘形铣刀
	（2）铣削底面槽	装夹工件 装夹刀具 铣削底槽	槽深：6 mm 槽宽：45 mm 表面粗糙度值：*Ra*3.2 μm	游标卡尺 立铣刀 锉刀

续表

工序	工步	操作内容	精度要求	主要工具、量具
1. 铣削	（3）铣削一侧槽	装夹工件 装夹刀具 铣削一侧槽	槽深：8 mm 槽宽：20 mm 表面粗糙度值：*Ra*3.2 μm	游标卡尺 立铣刀 锉刀
	（4）铣削另一侧槽	装夹工件 装夹刀具 铣削另一侧槽	槽深：8 mm 槽宽：20 mm 表面粗糙度值：*Ra*3.2 μm	游标卡尺 立铣刀 锉刀
	（5）铣削 V 形槽	装夹工件 装夹刀具 铣削 V 形槽	角度：90° ± 1′ 槽宽：$35_{-0.027}^{0}$ mm 表面粗糙度值：*Ra*3.2 μm	游标卡尺 游标万能角度尺 百分表 表座 立铣刀 锉刀
	（6）铣削工艺槽	装夹工件 装夹刀具 铣削工艺槽	槽深：18 mm 槽宽：5 mm 表面粗糙度值：*Ra*3.2 μm	游标卡尺 立铣刀 锉刀
2. 刮削	（1）刮削底面	刃磨刮刀 刮削底面	平面度：0.01 mm 表面粗糙度值：*Ra*1.6 μm	百分表 表座

续表

工序	工步	操作内容	精度要求	主要工具、量具
2. 刮削	（2）刮削两侧面	刃磨刮刀 刮削两侧面	平面度：0.01 mm 表面粗糙度值：Ra1.6 μm	百分表 表座 平板 检验板
	（3）刮削 V 形面	刃磨刮刀 刮削 V 形面	平面度：0.01 mm 表面粗糙度值：Ra1.6 μm	百分表 表座 平板 检验板

学习工作流程

接受工作任务后，首先应识读 V 形铁加工图样，了解相关技术要求，并利用 AutoCAD 软件抄画图样，然后按 V 形铁加工工艺步骤合理选用工具、量具，利用划线工具划出尺寸加工界线，最后采用铣削、手工刮削方法完成 V 形铁的制作。能按照现场管理规范清理场地、归置物品，按照环保规定处置废弃物。

学习活动 1　接受工作任务，制订工作计划

学习活动 2　抄画图样

学习活动 3　工艺分析，完成操作准备工作

学习活动 4　铣削 V 形铁

学习活动 5　刃磨刮刀

学习活动 6　刮削 V 形铁

学习活动 7　工作总结、成果展示、经验交流

学习活动 1　接受工作任务，制订工作计划

学习目标

1. 能根据任务要求明确工作内容。
2. 能制订合理的工作计划。
3. 能采集有效信息。

学习过程

1．通过识读 V 形铁加工工艺卡，写出本任务所涉及的工作内容。

2．V 形铁在生产中都有哪些应用?

3．小组讨论，合理安排 V 形铁制作工作计划，填写在表 7-1-1 中。

表 7-1-1　　V 形铁制作工作计划

序号	工作内容	工作要求	开始时间	结束时间	备注

4．根据小组成员特点，完成 V 形铁制作工作计划中的分工，填写表 7–1–2。

表 7–1–2　　V 形铁制作工作计划中的分工

小组成员姓名	成员特点	小组中的分工	备注

学习活动 2　抄 画 图 样

学习目标

1. 能分析 V 形铁图样中的图形要素。
2. 能理解 V 形铁图样中位置公差符号的含义。
3. 能运用 AutoCAD 软件完成图样抄画。

学习过程

1．分析 V 形铁图样，完成表 7-2-1 的填写。

表 7-2-1　　分析 V 形铁图样

序号	定形尺寸	定位尺寸	绘图基准	图形特点

2．如图 7-2-1 所示，解释位置公差代号的含义。

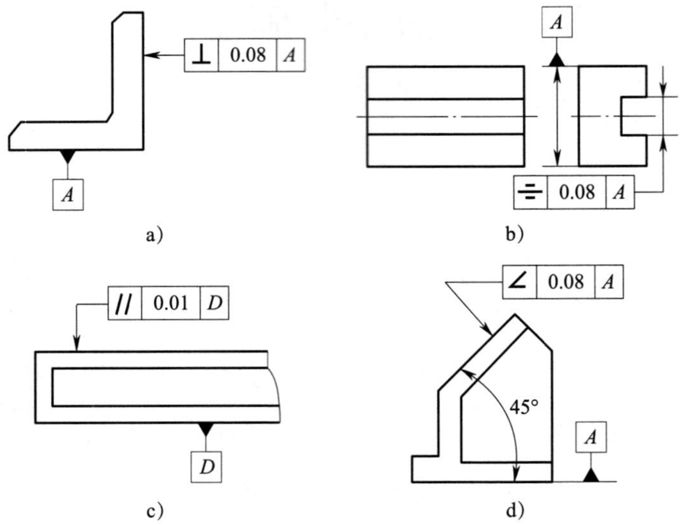

图 7-2-1　位置公差代号的含义

3．如何在 AutoCAD 软件中添加点画线、虚线、细实线三种线型？

4．运用 AutoCAD 软件绘制 V 形铁图样，将绘制步骤的相关内容填写在表 7–2–2 中。

表 7–2–2　　V 形铁图样绘制步骤的相关内容

序号	绘制内容	主要绘图命令	主要编辑命令

5．将运用 AutoCAD 软件绘制的 V 形铁零件图输出后贴在下方。

学习活动 3　工艺分析，完成操作准备工作

学习目标

1. 能区分工序和工步。
2. 能根据加工工艺步骤选择工具、量具、刀具。
3. 能识别常用材料牌号。

学习过程

1．阅读 V 形铁加工工艺卡，结合实际，写出工序和工步的区别。

2．写出 V 形铁材料的牌号，并进行解释说明。

3．根据加工工艺卡，说明每道工序加工余量的合理范围。

4．根据加工工艺，确定工具、量具、刀具清单，填写表 7–3–1。

表 7–3–1　　工具、量具、刀具清单

序号	名称	规格	用途	备注

5．生产中会使用到很多金属材料，每种材料都有不同的用途，这和材料的性能有关。查阅相关资料，并进行小组讨论，了解常用金属材料的力学性能和工艺性能，将不少于三种材料的力学性能和工艺性能填写在表 7–3–2 中。

表 7–3–2　　金属材料的力学性能和工艺性能

<table>
<tr><td>时间</td><td colspan="2"></td><td>主题</td><td>金属材料的力学性能和工艺性能</td></tr>
<tr><td>主持人</td><td colspan="2"></td><td>成员</td><td></td></tr>
<tr><td>讨论过程</td><td colspan="4"></td></tr>
<tr><td rowspan="4">结论</td><td>材料牌号</td><td colspan="2">力学性能</td><td>工艺性能</td></tr>
<tr><td></td><td colspan="2"></td><td></td></tr>
<tr><td></td><td colspan="2"></td><td></td></tr>
<tr><td></td><td colspan="2"></td><td></td></tr>
</table>

学习活动4　铣削V形铁

学习目标

1. 能正确定位和夹紧工件。
2. 能根据加工要求合理选择铣刀。
3. 能正确安装铣刀。
4. 能熟练选择合适的铣削加工切削用量。
5. 能正确使用百分表、游标万能角度尺进行工件测量。

学习过程

1．铣床是机械加工中常用的金属切削机床，查阅相关资料，写出图7–4–1中三种铣床的特点及加工应用范围。

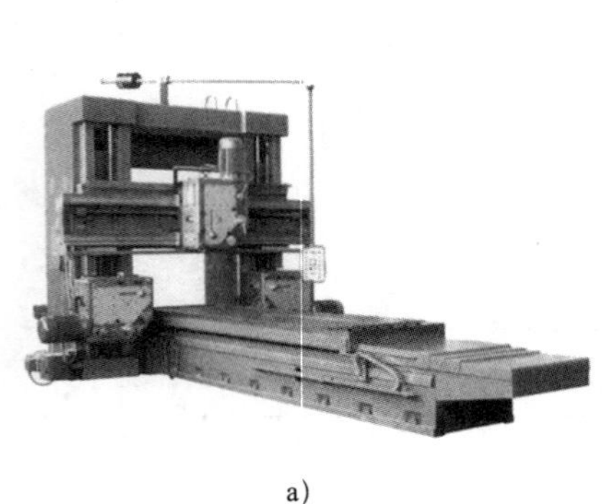
a)

b)

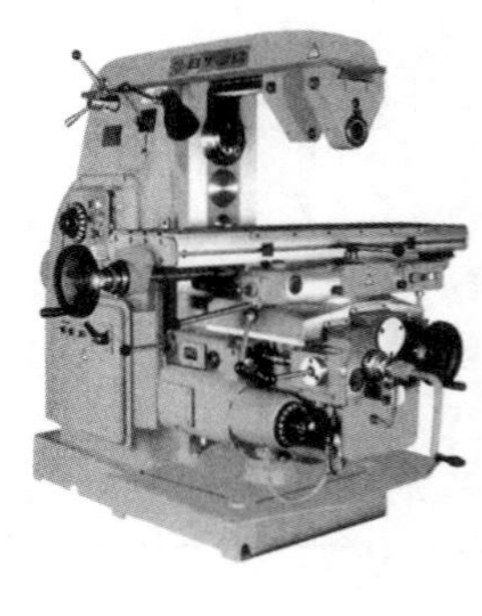
c)

图7–4–1　常用铣床

图a：______________________________

图b：______________________________

图c：______________________________

2．列出铣削V形铁所需的刀具及其他工具。

3．铣刀安装后应做哪些检查？

4．装卸铣刀时应注意哪些事项？

5．如图 7–4–2 所示，结合实际加工，想一想图中采用了哪种方法装夹工件？在铣床上装夹工件还有哪些其他方法？各有什么特点？

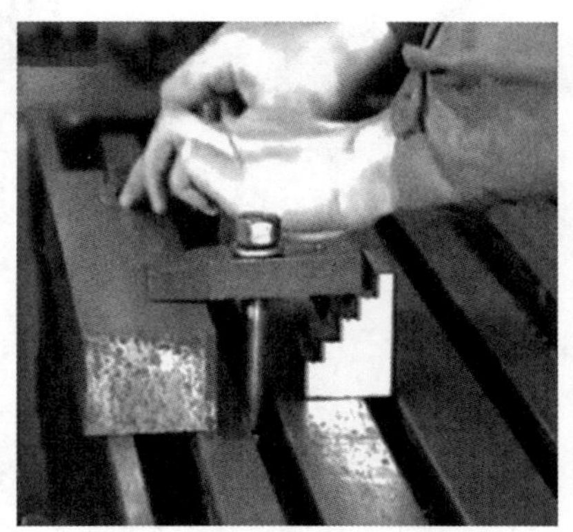

图 7–4–2　装夹工件

6．工件的装夹包含定位和夹紧两个过程，查阅相关资料，完成表 7–4–1 的填写。

表 7–4–1　定位和夹紧

	定位	夹紧
定义		
共同点		
不同点		

7．根据实际加工情况，写出所选的铣削加工切削用量及理由。

8．图 7–4–3 所示为游标万能角度尺，试根据图示内容完成下列填空。

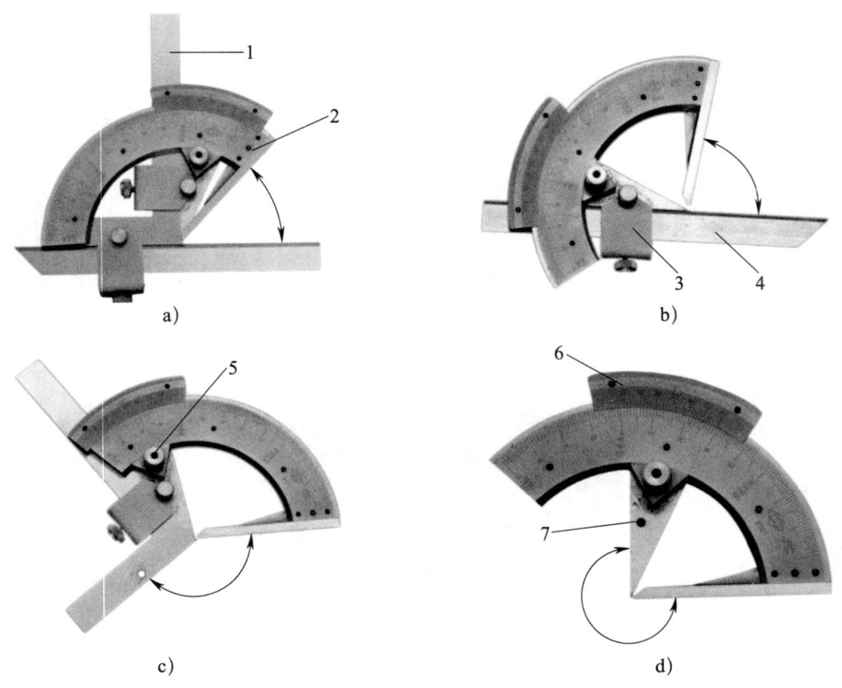

图 7–4–3　游标万能角度尺

图 a 中，1 为________，2 为________，测量范围为____________。

图 b 中，3 为________，4 为________，测量范围为____________。

图 c 中，5 为________，测量范围为____________。

图 d 中，6 为________，7 为________，测量范围为____________。

9．如图 7–4–4 所示，读出游标万能角度尺所示的数值。

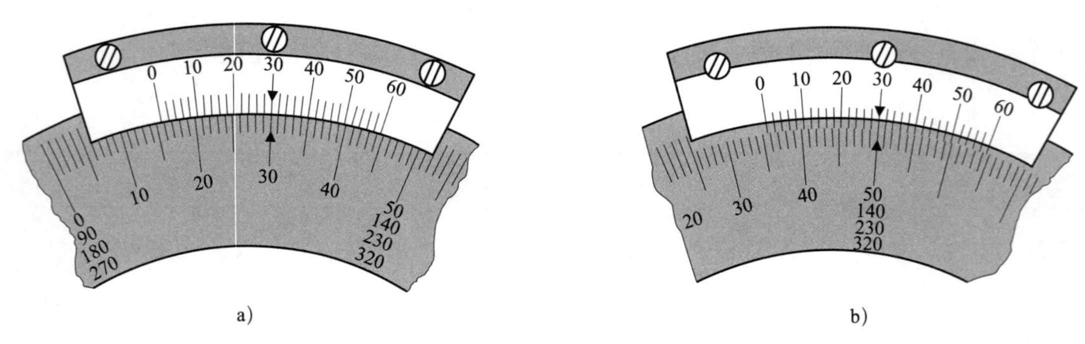

图 7–4–4　游标万能角度尺读数练习

图 a____________；图 b____________。

10．如图 7–4–5 所示，标出百分表各组成部分的名称。

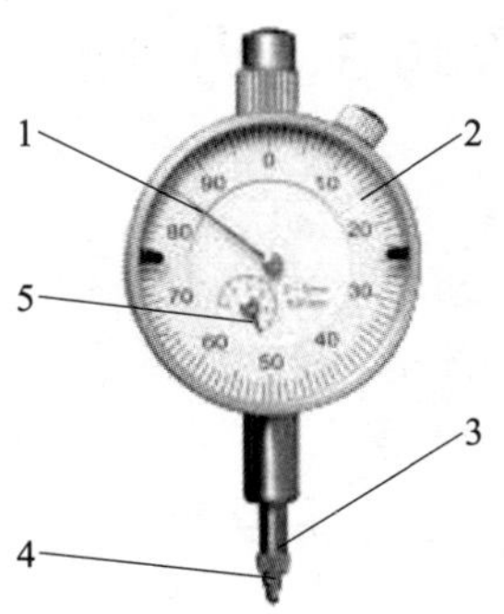

图 7–4–5　百分表

1 为________________________；

2 为________________________；

3 为________________________；

4 为________________________；

5 为________________________。

11．普通外径百分表测量精度可达__________mm，即___________绕圆周方向转动一格，___________沿轴线方向移动__________mm。

学习活动5　刃 磨 刮 刀

学习目标

1. 能利用旧锉刀刃磨出刮刀。

2. 能理解刮刀角度对刮削质量的影响。

3. 能根据刮削过程对刮削的不同要求刃磨出不同的刮刀角度。

学习过程

1．刮刀是刮削的主要工具，图 7–5–1 中两种刮刀有什么区别？各自应用在哪些场合？

图 7–5–1　常用的刮刀

图 a 刮刀与图 b 刮刀的区别：______

图 a 刮刀的应用场合：______

图 b 刮刀的应用场合：______

2．在图 7–5–2 中标出刮刀相应的几何角度。

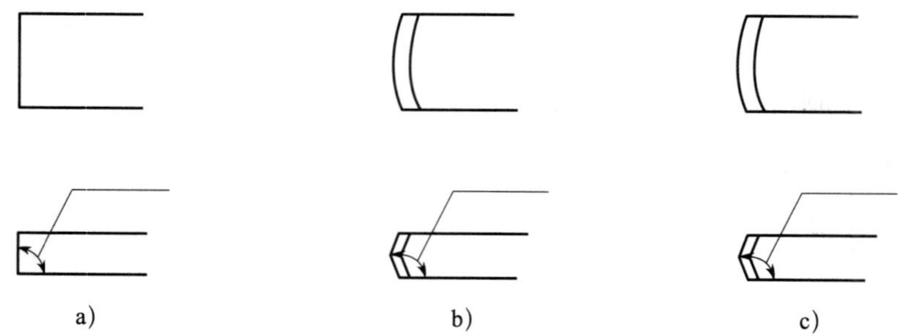

图 7–5–2　刮刀的几何角度

a）粗刮刀几何角度　b）细刮刀几何角度　c）精刮刀几何角度

3．刮刀刃磨分粗磨、细磨和精磨。粗磨、细磨是在砂轮上进行的，而精磨需要使用油石。试结合图 7–5–3 并考虑加工实际，写出刮刀刃磨时要注意哪些方面的问题。

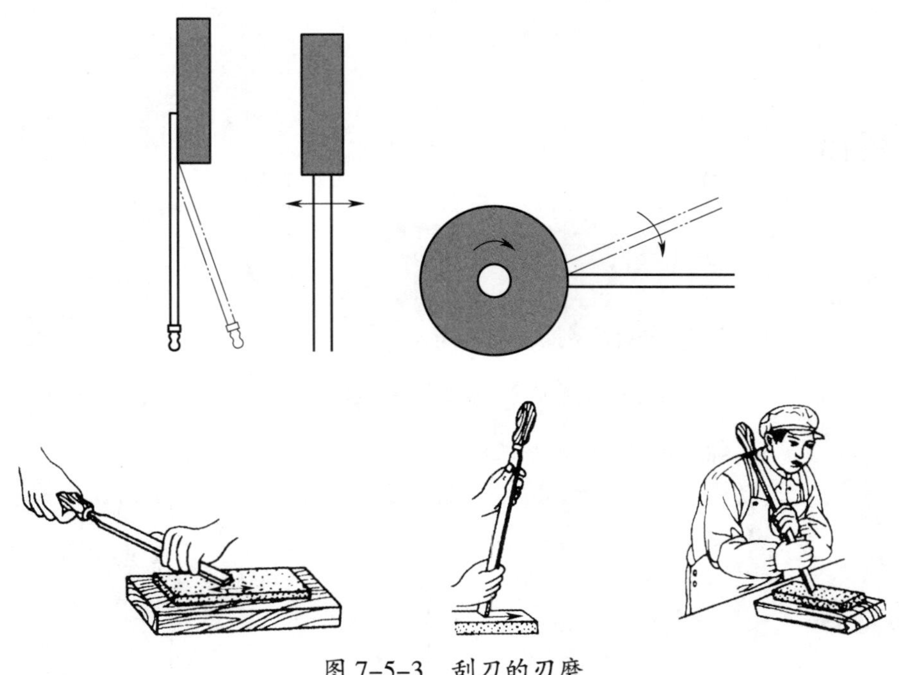

图 7–5–3　刮刀的刃磨

4．刮刀在粗磨时，为何要经常蘸水？

学习活动 6　刮削 V 形铁

学习目标

1. 能用手刮法刮削 V 形铁。
2. 能用百分表测量 V 形铁的对称度。
3. 能间接测量 V 形铁的中心高。

学习过程

1．查阅相关资料，写出图 7–6–1 所示两种常用刮削方法的特点，并确定加工 V 形铁时应采用哪一种。确定此种刮削方法的依据是什么?

a)

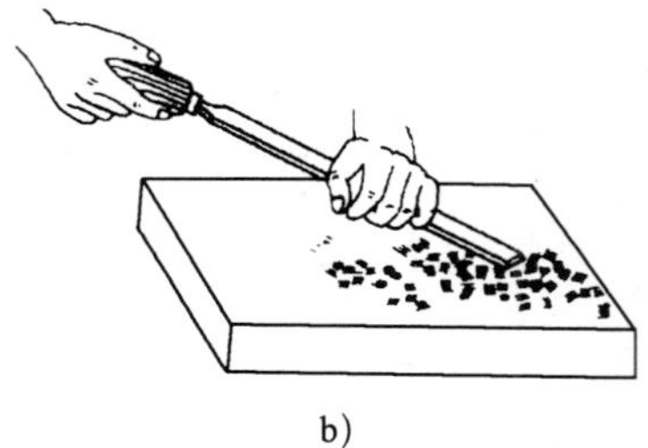

b)

图 7–6–1　常用刮削方法

2．V 形铁的检验。

（1）使用图示并说明 $35_{-0.027}^{0}$ mm 尺寸的检验方法。

（2）使用图示并说明 | ⌯ | 0.01 | A | 的检验方法。

（3）使用图示并说明测量 V 形铁中心高的方法。

3．结合加工实际，说明如何检查刮削的接触精度。

4．查阅公差表，确定未注公差尺寸的极限偏差和公差，填写在表 7–6–1 中。

表 7–6–1 未注公差尺寸的极限偏差和公差

序号	公称尺寸	上极限偏差	下极限偏差	公差值

5．自行检测 V 形铁的刮削质量，并记录在表 7–6–2 中。

表 7–6–2　　检测 V 形铁的刮削质量

序号	检测部位	形状精度	位置精度	尺寸精度	表面粗糙度

6．小组讨论，分析刮削产生缺陷的原因，完成表 7–6–3 的填写。

表 7–6–3　　刮削产生缺陷的原因

缺陷形式	特征	产生原因
接触点达不到要求		
深凹痕		
落刀痕或起刀痕		
振痕		
划痕		
丝纹		

学习活动7　工作总结、成果展示、经验交流

学习目标

1. 能正确规范地撰写总结。
2. 能采用多种形式进行成果展示。
3. 能有效进行工作反馈与经验交流。

学习过程

1．写出成果展示方案。

2．写出工作总结和评价。

评价与分析

V 形铁加工综合评分表

序号	名称	配分	项目与技术要求	评分标准	检测记录	得分
1	尺寸（20 分）	10	$35_{-0.027}^{0}$ mm	超差不得分		
2		5	（75 ± 0.04）mm	超差不得分		
3		5	（50 ± 0.04）mm	超差不得分		
4	角度（5 分）	5	90° ± 1′	超差不得分		
5	对称度（5 分）	5	⌯ 0.01 *A*	超差不得分		
6	平面度（5 分）	5	▱ 0.01	超差不得分		
7	垂直度（5 分）	5	⊥ 0.02 *A*	超差不得分		
8	表面粗糙度（25 分）	5	表面粗糙度值 *Ra*1.6 μm（五面）	降级不得分		
9	主观评分（35 分）	5	能说出手刮法的特点（四点）	符合要求得分		
10		5	能分析刮削产生缺陷的原因（四点）	符合要求得分		
11		5	能正确对 V 形铁进行检验			
12		5	刮削刀迹整齐、美观			
13		5	接触点 12 点 /（25 mm × 25 mm）以上，点子清晰、均匀			
14		5	刮削姿势正确			
15		5	无明显落刀痕，无丝纹和振纹			
16	职业素养	扣分	能正确穿戴工作服、工作鞋、安全帽等劳动保护用品。每违反一项，扣 2 分			
17			能按机床使用规范进行正确开关机、对刀等基本操作。每误操作一次，扣 2 分			
18			能规范使用保养工具、量具和辅具。每违反操作一次，扣 2 分			
19			能做好设备清洁、保养工作。不清洁、不保养，扣 3 分；保养不彻底，扣 2 分			
总配分			100	总得分		

学习任务八　刀口形直角尺制作

学习目标

1. 能接受刀口形直角尺制作任务，明确加工工期、加工要求，制订工作计划。

2. 能正确识读刀口形直角尺技术图样，解释各种几何公差和尺寸公差。

3. 能对照刀口形直角尺技术图样，填写加工工艺卡，为刀口形直角尺的加工选择和配置最合适的工具。

4. 能按加工工艺步骤完成刀口形直角尺各部位的钳加工，并为磨削、抛光留出加工余量。

5. 能按平面磨床操作规程对工件进行磨削加工。

6. 能查阅相关手册选用合适的研具及磨料。

7. 能按研磨工艺要求对工件进行研磨加工。

8. 能正确选择精度测量方法，对工件进行检测。

9. 能正确规范地撰写工作总结。

10. 能在作业过程中严格执行企业操作规范、安全生产制度、环保管理制度，严格遵守从业人员的职业道德，具有吃苦耐劳、爱岗敬业的工作态度，精益求精的质量管控意识和职业责任感。

11. 能按生产车间现场“6S”管理规范和产品工艺流程的要求，整理现场，正确放置工具、工件，对机床、工具柜进行维护保养，并规范填写保养记录表。

12. 能与班组长、工具管理员等相关人员进行有效沟通与合作，了解有效沟通、团队合作的重要性。

13. 能积极主动展示、汇报工作成果，对学习和工作过程中出现的问题进行反思和总结，优化方案和策略，具备知识迁移能力。

建议学时

40 学时

学习任务描述

某生产车间需要一把刀口形直角尺，其零件图如图 8–0–1 所示。经生产车间主管分析工艺后，考虑到是单件加工，决定该生产任务由模具工通过手工加工和机加工来完成。

模具工从生产车间主管处接受工作任务，阅读任务单，制订工作计划并经师傅审核后，在师傅的指导下识读图样和加工工艺卡。明确零件加工的技术要求，根据工艺卡领取材料，准备砂轮、金刚石修整笔、工量刃具、研磨工具和研磨剂。检查磨床，修整砂轮，做好工作准备。在工期内按照要求加工零件，加工完毕后自检，自检后交质检员检验，合格后交付。在工作过程中遵循现场工作管理规范。

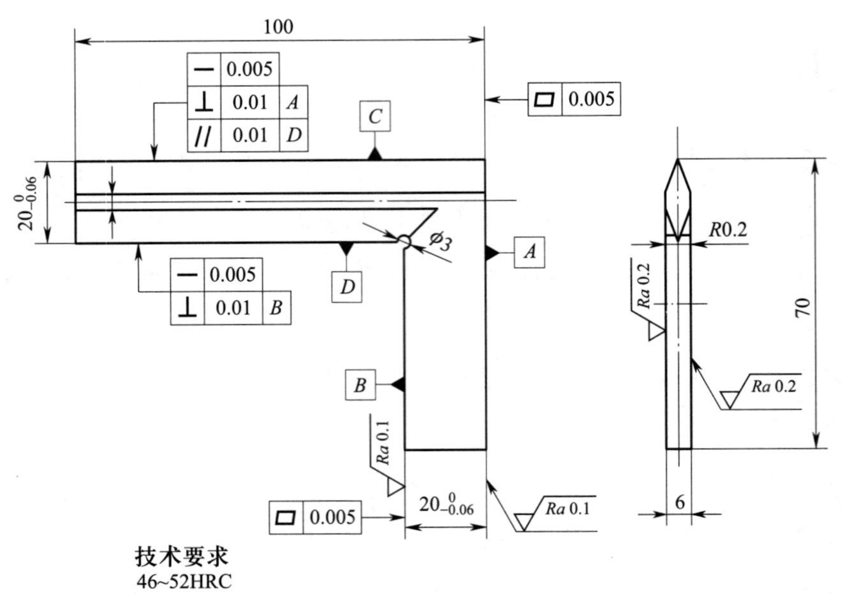

图 8-0-1　刀口形直角尺零件图

学习工作流程

学习活动 1　接受工作任务，制订工作计划

学习活动 2　抄画刀口形直角尺技术图样，填写加工工艺卡

学习活动 3　刀口形直角尺的钳加工

学习活动 4　磨床的操作规程、操作方法

学习活动 5　刀口形直角尺的磨削加工

学习活动 6　研具和磨料的选择

学习活动 7　刀口形直角尺的研磨

学习活动 8　刀口形直角尺的精度检测

学习活动 9　工作总结、成果展示、经验交流

学习活动 1　接受工作任务，制订工作计划

学习目标

1. 能制订合理的工作计划。
2. 能采集有效信息。
3. 能在规定的时间内完成工作任务。

学习过程

1．查阅相关资料，写出手工加工常用刀口形直角尺的种类、规格及用途。

2．刀口形直角尺的材质一般有哪些要求?

3．小组讨论，合理安排工作进度计划，填写表 8–1–1。

表 8–1–1　　刀口形直角尺制作工作进度计划

序号	工作内容	工作要求	开始时间	结束时间	备注

4．根据小组成员特点，完成工作进度计划中的分工，填写表 8–1–2。

表 8–1–2　　刀口形直角尺制作工作进度计划中的分工

小组成员姓名	成员特点	小组中的分工	备注

学习活动 2　抄画刀口形直角尺技术图样，填写加工工艺卡

学习目标

1. 能解释刀口形直角尺技术图样和规格。
2. 能正确识读刀口形直角尺技术图样，解释各种几何公差和尺寸公差。
3. 能使用 AutoCAD 软件抄画刀口形直角尺技术图样。
4. 能对照刀口形直角尺技术图样，填写加工工艺卡，为刀口形直角尺的加工选择和配置最合适的工具。

学习过程

1．分析刀口形直角尺技术图样，填写表 8–2–1。

表 8–2–1　　分析刀口形直角尺技术图样

序号	定形尺寸	定位尺寸	绘图基准	图形特点

2．结合刀口形直角尺技术图样，解释下列几何公差代号的含义。

（1）

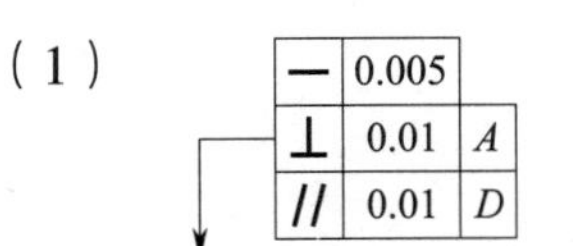

（2）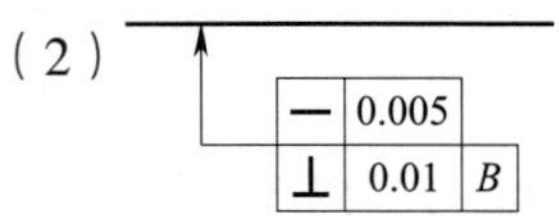

3．运用 AutoCAD 软件抄画刀口形直角尺技术图样，将输出结果贴在下面。

4．填写刀口形直角尺加工工艺卡，见表 8–2–2。

表 8–2–2　　刀口形直角尺加工工艺卡

工序	工步	操作内容	精度要求	加工余量	主要工具、量具
钳加工	划线				
	钻工艺孔				
	锯削				
	锉削				
磨削加工	粗磨				
	精磨				
研磨	粗研				
	精研				

学习活动3　刀口形直角尺的钳加工

学习目标

能按加工工艺步骤完成刀口形直角尺各部位的钳加工，并为磨削、抛光留出加工余量。

学习过程

1．识读刀口形直角尺技术图样，找出其加工基准。

2．识读刀口形直角尺技术图样，找出其加工工艺孔，并说明工艺孔的作用。

3．写出刀口形直角尺钳加工的步骤，并正确加工。

学习活动 4　磨床的操作规程、操作方法

1. 了解磨床的种类、型号及加工精度。
2. 能按平面磨床的操作规程进行安全操作。

1．查阅相关资料，将磨床的种类、型号、加工精度及加工范围填写在表 8–4–1 中。

表 8–4–1　　磨床的种类、型号、加工精度及加工范围

序号	种类	型号	加工精度	加工范围

2．查阅相关资料，写出磨床（见图 8–4–1）的基本结构及各主要组成部分的功用。

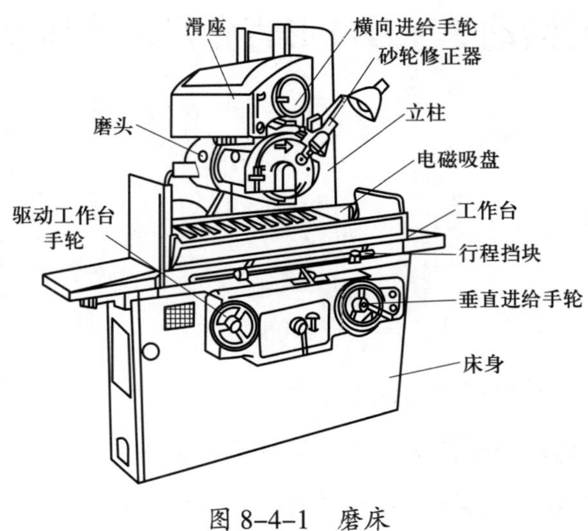

图 8–4–1　磨床

3．查阅相关资料，抄写平面磨床安全操作规程。

学习活动 5　刀口形直角尺的磨削加工

学习目标

1. 掌握磨削时的注意事项。
2. 能按平面磨床的操作规程进行操作。
3. 能选择合适的切削参数。

学习过程

1．查阅相关资料，说明磨削时应注意的事项有哪些。

2．查阅相关资料，制订刀口形直角尺磨削的加工步骤，并按照商业标准正确加工。

3．设置切削参数，填写在表 8–5–1 中。

表 8–5–1　　设置切削参数

工序	背吃刀量	横向进给量	纵向进给量	切削速度	机床转速	砂轮转速

4．记录加工过程中所使用的量具，填写在表 8–5–2 中。

表 8–5–2　　加工过程中所使用的量具

工序	量具名称	量程	精度等级	图示测量部位	备注

学习活动 6　研具和磨料的选择

学习目标

能查阅相关手册选用合适的研具及磨料。

学习过程

1．查阅相关资料，写出研磨的工作原理。

2．阅读表 8–6–1，指出表中所列常见的几种加工方法中，加工精度最高的是哪一种？加工精度最低的是哪一种？

表 8–6–1　　常用加工方法获得表面粗糙度值的比较

加工方法	加工情况	表面放大的情况	表面粗糙度值
车削			Ra1.6 ~ 0.8 μm
磨削			Ra0.8 ~ 0.05 μm
压光			Ra1.6 ~ 0.025 μm
研磨			Ra0.2 ~ 0.016 μm
研磨			Ra0.1 ~ 0.016 μm

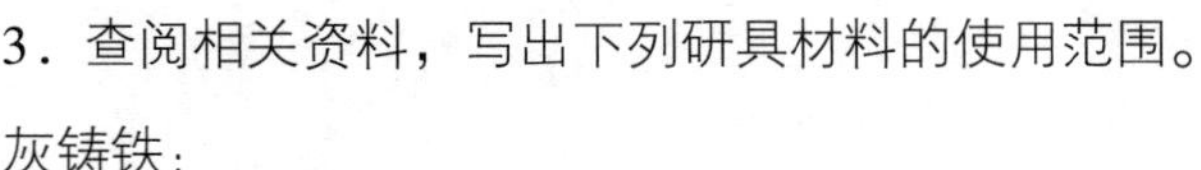

3．查阅相关资料，写出下列研具材料的使用范围。

灰铸铁：

球墨铸铁：

软钢：

紫铜：

4．如图 8–6–1 所示，哪个平板可以用于粗研磨？为什么？

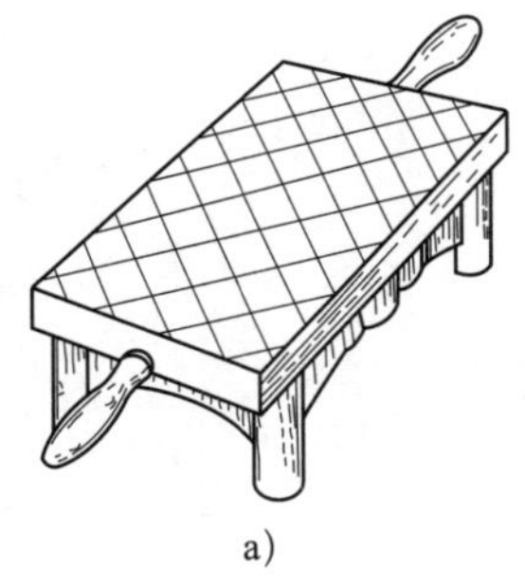

a)

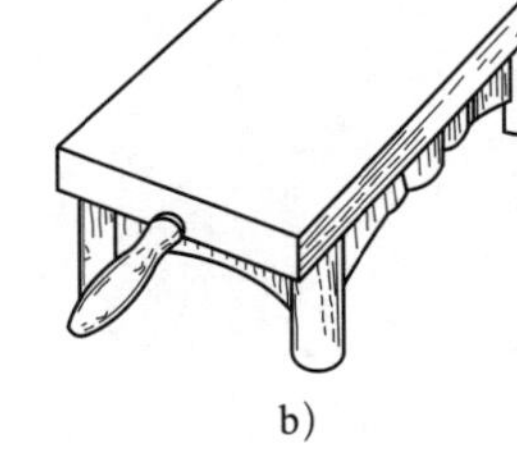

b)

图 8–6–1　平板

5．查阅相关资料，写出磨料的种类及粗细规格。

磨料的种类：

磨料的粗细规格：

学习活动7 刀口形直角尺的研磨

学习目标

能按研磨工艺要求对工件进行研磨加工。

学习过程

1．如图 8-7-1 所示，分析它们分别采用了哪种研磨运动形式？

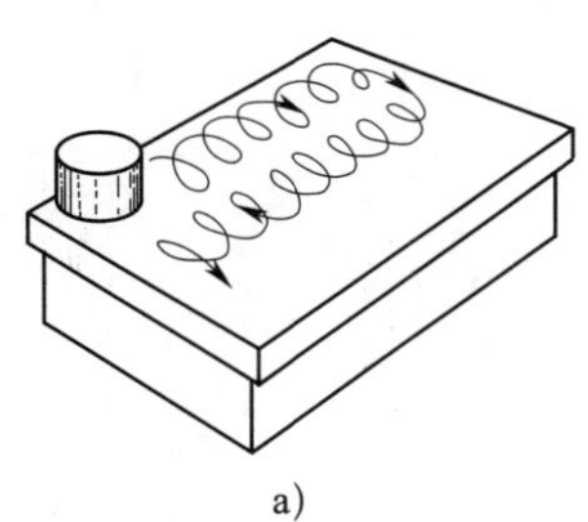

a)

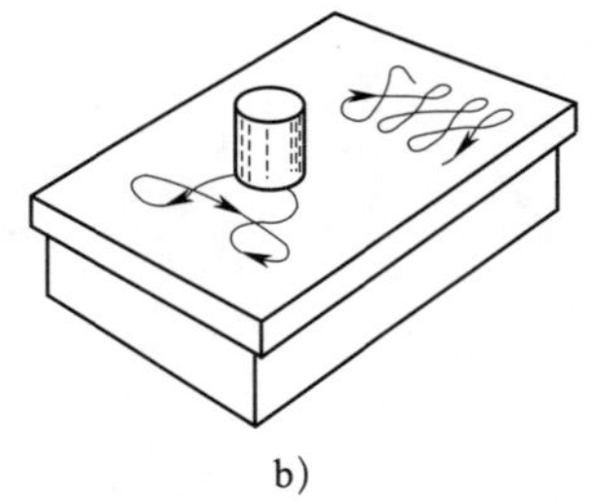

b)

图 8-7-1 研磨

图 a：

图 b：

2．正确研磨刀口形直角尺，并分析刀口形直角尺研磨时应注意哪些问题。

3．分析研磨常见缺陷产生的原因，填写在表 8–7–1 中。

表 8–7–1　　研磨常见缺陷产生的原因

缺陷形式	缺陷产生原因
表面质量	
表面拉毛	

学习活动 8　刀口形直角尺的精度检测

学习目标

能正确选择工件精度测量的方法，并对工件进行检测。

学习过程

1．查阅相关资料，写出以下几种工件精度检测的方法及工具保养方法。

（1）垂直度的检测方法：

（2）表面粗糙度的检测方法：

（3）表面粗糙度对比块的保养方法：

（4）游标万能角度尺针对不同角度测量范围的组合使用方法：

（5）游标万能角度尺的保养方法：

2．正确选用量具，对刀口形直角尺进行自检，写出操作步骤。

学习活动 9　工作总结、成果展示、经验交流

学习目标

1. 能正确规范地撰写工作总结。
2. 能采用多种形式进行成果展示。
3. 能有效进行工作反馈与经验交流。

学习过程

1．写出成果展示方案。

2．写出工作总结和评价。

评价与分析

刀口形直角尺加工综合评分表

序号	名称	配分	项目与技术要求	评分标准	检测记录	得分
1	尺寸（14分）	14	$20_{-0.06}^{0}$ mm（两处）	超差不得分		
2	平面度（14分）	14	尺座测量面（*A*、*B*）平面度 0.005 mm（两处）	超差不得分		
3	直线度（10分）	10	尺瞄刀口面直线度 0.005 mm（两处）	超差不得分		
4	垂直度（32分）	16	外直角垂直度 0.01 mm	超差不得分		
5		16	内直角垂直度 0.01 mm	超差不得分		
6	表面粗糙度（20分）	10	测量面表面粗糙度值 *Ra*0.1 μm（四面）	降级不得分		
7		10	两大平面表面粗糙度值 *Ra*0.2 μm（两面）	降级不得分		
8	主观评分（10分）	3.5	已加工零件倒角、倒圆、去毛刺是否符合图样要求			
9		3.5	已加工零件是否有划伤、碰伤和夹伤			
10		3	已加工零件与图样要求的一致性			
11	职业素养	扣分	能正确穿戴工作服、工作鞋、安全帽等劳动保护用品。每违反一项，扣2分			
12			能按机床使用规范正确进行开关机、对刀等基本操作。每误操作一次，扣2分			
13			能规范使用、保养工具、量具和辅具。每违反操作一次，扣2分			
14			能做好设备清洁、保养工作。不清洁、不保养，扣3分；保养不彻底，扣2分			
总配分			100	总得分		

学习任务九　镜面六棱柱制作

学习目标

1. 能读懂生产任务单，明确加工任务。

2. 能制订六棱柱加工工艺，并填写加工工艺卡。

3. 能正确使用手工工具进行六棱柱制作。

4. 掌握抛光的工艺流程。

5. 了解各种抛光工具的名称及用途。

6. 能根据零件的表面粗糙度选用合理的工具进行抛光。

7. 能在作业过程中严格执行企业操作规范、安全生产制度、环保管理制度，严格遵守从业人员的职业道德，具有吃苦耐劳、爱岗敬业的工作态度，精益求精的质量管控意识和职业责任感。

8. 能按生产车间现场“6S”管理规范和产品工艺流程的要求，整理现场，正确放置工具、产品，对机床、工具柜进行维护保养，并规范填写保养记录表。

9. 能与班组长、工具管理员等相关人员进行有效沟通与合作，了解有效沟通、团队合作的重要性。

10. 能积极主动展示、汇报工作成果，对学习和工作过程中出现的问题进行反思和总结，优化方案和策略，具备知识迁移能力。

建议学时

40 学时

学习任务描述

某生产车间需要在规定的时间内完成对型芯型腔成形表面的抛光，抛光标准为 Ra0.03 μm，技术图样如图 9-0-1 所示。经生产车间主管分析工艺后，考虑到是单件加工，决定该生产任务由模具工通过手工加工和机加工来完成。

模具工从生产车间主管处接受工作任务，阅读任务单，制订工作计划并经师傅审核后，在师傅的指导下识读图样和加工工艺卡。明确零件加工的技术要求，根据工艺卡领取材料，准备砂布、油石、研磨工具和研磨剂，做好工作准备。六棱柱的制作重点是两大平面的抛光质量，要求抛光至镜面，表面粗糙度值为 *Ra*0.03 μm，且需要保证平面度、两面之间的平行度。在工期内按照要求加工零件，加工完毕后自检，自检后交质检员检验，合格后交付。在工作过程中遵循现场工作管理规范。

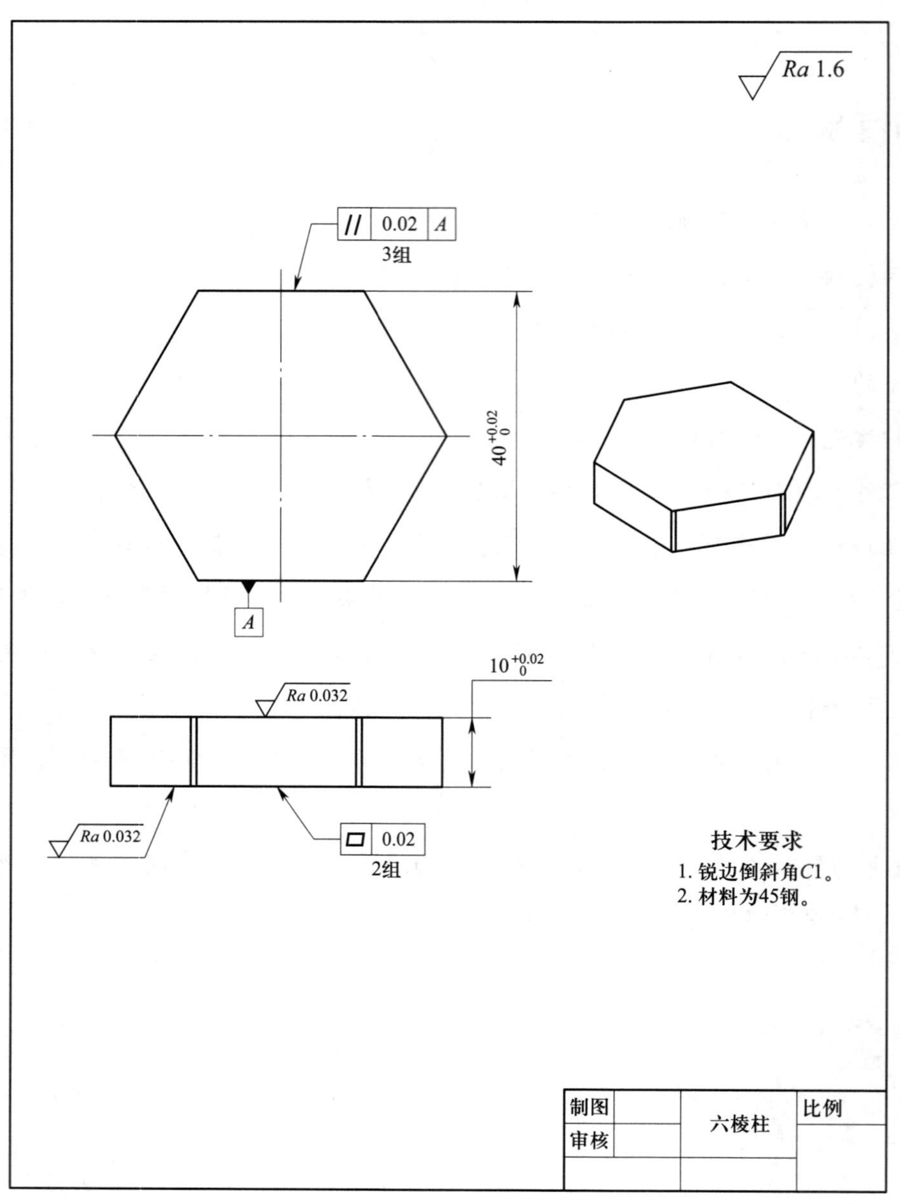

图 9-0-1 镜面六棱柱零件图

学习工作流程

接受工作任务后，应先了解工作场地的环境、设备管理要求，在教师的指导下，读懂六棱柱的技术要求，分析零件的表面粗糙度，正确选用工具、量具进行作业。

抛光过程应合理选用油石、砂布、研磨剂。使用电动抛光工具，注意操作方法，在抛光过程中保护好工件的形状特征。能按照工具、量具摆放要求、场地管理标准进行作业。

学习活动 1　接受工作任务，明确工作要求

学习活动 2　钳加工六棱柱外形

学习活动 3　认识抛光工艺过程及抛光工具

学习活动 4　抛光六棱柱

学习活动 5　工作总结与评价

学习活动 1　接受工作任务，明确工作要求

学习目标

1. 能读懂生产任务单，明确加工任务。
2. 能查阅相关资料，认识各种几何公差。
3. 能明确加工任务内容。

学习过程

1．在世界技能大赛中，学会自主独立查看图样是一个选手的基本技能，因此，请查阅制图资料，写出六棱柱图样中各种几何公差符号及其含义。

2．为了更加详细地了解图样的加工内容，请按照一定比例抄画图样，要求作图工整。

3．作为一名参赛选手，应预想加工过程中需要的工具、量具。领取并填写生产任务单（见表 9–1–1），明确加工任务。

表 9–1–1　　生产任务单

<table>
<tr><td colspan="2">产品名称</td><td>材料</td><td colspan="2">数量</td><td>加工精度</td><td>表面要求</td></tr>
<tr><td colspan="2">六棱柱</td><td>45 钢</td><td colspan="2">1</td><td colspan="2">按图样加工</td></tr>
<tr><td colspan="2">任务细则</td><td colspan="5">领取材料
选用工具、量具及设备，完成工件制作
选用抛光工具，进行抛光
检验工件，测量表面粗糙度值
完成加工，清理场地，保养机床、工具</td></tr>
<tr><td colspan="2">加工类型</td><td colspan="5">手工加工、抛光处理</td></tr>
<tr><td colspan="2">开始时间：</td><td colspan="3">结束时间：</td><td colspan="2">总用时：</td></tr>
<tr><td>材料清单</td><td colspan="6"></td></tr>
<tr><td>工具清单</td><td colspan="6"></td></tr>
<tr><td>量具清单</td><td colspan="6"></td></tr>
<tr><td>机床清单</td><td colspan="6"></td></tr>
<tr><td>抛光工具清单</td><td colspan="6"></td></tr>
<tr><td>填写人</td><td colspan="3"></td><td>组长确认</td><td colspan="2"></td></tr>
<tr><td>教师审核确认</td><td colspan="6"></td></tr>
<tr><td>备注</td><td colspan="6"></td></tr>
</table>

学习活动 2　钳加工六棱柱外形

学习目标

1. 能分析六棱柱形状特征，制订加工工艺卡。
2. 能读懂图样上的公差代号和加工技术要求。
3. 能根据加工工艺卡正确选用工具、量具。
4. 能根据图样要求进行钳加工。
5. 能在作业过程中严格执行企业操作规范、安全生产制度、环保管理制度以及“6S”管理规范，严格遵守从业人员的职业道德，具有吃苦耐劳、爱岗敬业的工作态度，精益求精的质量管控意识和职业责任感。
6. 能与班组长、工具管理员等相关人员进行有效沟通与合作，了解和理解有效沟通、团队合作的重要性，按时完成工作任务。

学习过程

1．在比赛中，有些工序需要小组合作才能完成，因此一个小组的团结、互助至关重要。通过小组讨论，取长补短，分析讨论六棱柱的主要加工内容，以及应该采用何种方式进行加工。

2．分析图样，查阅相关资料，回答下列问题。

（1）六棱柱相邻两面之间的夹角为________。

（2）试描述如何保证尺寸 40 mm、10 mm 的精度要求，详细说明加工工艺要点。

3．制订完整的六棱柱加工工艺，填写表 9–2–1。

表 9–2–1　　　　　　六棱柱加工工艺卡

<table>
<tr><td colspan="3" rowspan="2">六棱柱</td><td>材料</td><td>45 钢</td><td>图号</td><td colspan="3"></td></tr>
<tr><td>产品数量</td><td>1</td><td>零件名称</td><td></td><td>共　页</td><td>第　页</td></tr>
<tr><td rowspan="2">序号</td><td rowspan="2">工序名称</td><td rowspan="2">工序内容</td><td colspan="2" rowspan="2">工具选择</td><td colspan="2" rowspan="2">加工要求</td><td colspan="2">工时</td></tr>
<tr><td>准终</td><td>单件</td></tr>
<tr><td></td><td></td><td></td><td colspan="2"></td><td colspan="2"></td><td></td><td></td></tr>
<tr><td></td><td></td><td></td><td colspan="2"></td><td colspan="2"></td><td></td><td></td></tr>
<tr><td></td><td></td><td></td><td colspan="2"></td><td colspan="2"></td><td></td><td></td></tr>
<tr><td></td><td></td><td></td><td colspan="2"></td><td colspan="2"></td><td></td><td></td></tr>
<tr><td></td><td></td><td></td><td colspan="2"></td><td colspan="2"></td><td></td><td></td></tr>
<tr><td></td><td></td><td></td><td colspan="2"></td><td colspan="2"></td><td></td><td></td></tr>
<tr><td></td><td></td><td></td><td colspan="2"></td><td colspan="2"></td><td></td><td></td></tr>
</table>

4．游标万能角度尺应该如何调整角度？它有多少种组合方式？

5．六棱柱的加工面有 8 个，无论是装夹还是放置，或多或少都会对已加工的表面造成影响。查阅相关世赛选手资料或视频，分析他们是如何保证各个表面的质量的。

6．制订六棱柱钳加工工具、量具、刀具清单，填写表 9–2–2。

表 9–2–2　　六棱柱钳加工工具、量具、刀具清单

序号	工具	序号	量具	序号	刀具

学习活动 3　认识抛光工艺过程及抛光工具

学习目标

1. 掌握模具常用的抛光方法。
2. 能叙述模具抛光的工作原理。
3. 能写出抛光的工艺流程。
4. 了解各种抛光工具的名称及用途。

学习过程

1．如图 9-3-1 所示，第 43 届世界技能大赛塑料模具工程项目的铜牌获得者黄灿杰同学正在对型腔的成形表面进行油石抛光。型腔的成形表面主要是产品的外表面，因此要求表面粗糙度值达到 $Ra0.03\ \mu m$。查阅相关资料，叙述什么是模具的抛光工艺。

图 9-3-1　对型腔的成形表面进行油石抛光

2．查阅相关资料，简述以下几种常用抛光方法的工作原理。

机械抛光法：

化学抛光法：

电解抛光法：

流体抛光法：

磁研抛光法：

电火花超声复合抛光法：

3．查阅相关资料，了解各种抛光工具，完成表 9–3–1 的填写。

表 9–3–1　　抛光工具的名称及其用途

图示	名称及用途	图示	名称及用途
	名称： 用途：		名称： 用途：
	名称： 用途：		名称： 用途：
	名称： 用途：		名称： 用途：
	名称： 用途：		名称： 用途：
	名称： 用途：		名称： 用途：

4．抛光工具的规格细分为很多种类，黄灿杰同学在赛后也说过，抛光工艺的掌握需要循序渐进，例如油石的使用，应根据工件的表面粗糙度合理选用油石，这样才能在提高效率的同时保证质量。查阅相关资料，写出下列抛光工具的常用规格。

（1）砂布：

（2）油石：

（3）绒毡轮：

（4）研磨膏：

（5）钻石磨针：

（6）纤维油石：

5．叙述油石的组成材料及常见的种类。

学习活动 4　抛光六棱柱

学习目标

1. 能根据零件表面质量制订合理的抛光工艺。

2. 能合理选择抛光工具。

3. 能按照安全文明生产要求穿戴劳动保护用品进行作业。

学习过程

1．查阅相关资料，将常见抛光工艺的内容填写在表 9–4–1 中。

表 9–4–1　常见抛光工艺

抛光工艺	内容说明
粗抛	
半精抛	
精抛	

2．如图 9–4–1 所示，请查阅相关资料，写出表面粗糙度仪的使用方法及工作原理。

图 9–4–1　表面粗糙度仪

3．查阅相关资料，写出表面粗糙度的定义及原理。

4．模具的抛光过程应分别在两个工作地点完成，即粗磨加工地点和精抛加工地点，而且要注意清洗干净上一道工序残留在工件表面的砂粒。查阅相关资料，叙述模具粗精抛的工作环境对抛光的影响。

5．影响抛光质量的因素有很多，查阅相关资料完成下列题目。

（1）将抛光过程注意事项填写在表 9–4–2 中。

表 9–4–2 抛光过程注意事项

序号	抛光过程注意事项
1	
2	
3	
4	
5	
6	
7	
8	
9	

（2）电火花加工后的表面比机械加工或热处理后的表面更难研磨，应使用哪些抛光工具进行预处理?

（3）零件选用钢材的材质对抛光镜面也有很大的影响，优质的钢材是获得良好抛光质量的前提条件，钢材中的各种夹杂物和气孔都会影响抛光效果。请写出几种常用于模具成形零件的钢材及其热处理工艺。

（4）在世界技能大赛中所有的模具设计、模具制造都由选手独立完成，由于抛光主要是靠人工完成，所以个人的技能水平是影响抛光质量的主要因素之一。一般认为抛光技术影响表面粗糙度，其实好的抛光技术还要配合优质的钢材以及正确的热处理工艺，才能得到满意的抛光效果；反之，抛光技术不好，就算钢材再好也做不出镜面的效果。请叙述抛光过程中哪些人为因素会导致抛光质量不能达到预期效果。

6．常见的抛光缺陷有哪些？应该如何处理？

7．查阅相关资料，了解砂布和油石使用的注意事项，并选择合理的工具完成六棱柱的抛光。

（1）砂布的使用注意事项有哪些？

（2）油石的使用注意事项有哪些？

8．如图 9–4–2 所示，试制订六棱柱抛光加工工艺步骤。

技术要求

1. 要求表面抛光至 Ra0.032μm。
2. 抛光表面不得出现橘皮、点蚀、塌脚等缺陷。

图 9–4–2　六棱柱

步骤一（检测分析表面）：

步骤二（选择合理的油石）：

步骤三（选择合理的砂布）：

步骤四（研磨抛光）：

步骤五（清洗零件）：

学习活动 5　工作总结与评价

学习目标

1. 能正确规范地撰写总结。

2. 能使用专业术语进行工作反馈及经验交流。

3. 能积极主动展示、汇报工作成果，对学习和工作过程中出现的问题进行反思和总结，优化方案和策略，具备知识迁移能力。

学习过程

1．总结加工六棱柱的过程中遇到的问题，都采取了哪些方式予以解决?

2．请对六棱柱加工任务进行分析和总结。

评价与分析

六棱柱加工综合评分表

<table>
<tr><th>序号</th><th>名称</th><th>配分</th><th>项目与技术要求</th><th>评分标准</th><th>检测记录</th><th>得分</th></tr>
<tr><td>1</td><td>六棱柱平面度（35分）</td><td>35</td><td>六棱柱两大平面的平面度为 0.02 mm（两处）</td><td>超差不得分</td><td></td><td></td></tr>
<tr><td>2</td><td>六棱柱平面表面粗糙度（35分）</td><td>35</td><td>六棱柱两大平面的表面粗糙度值为 Ra0.032 μm（两面）</td><td>降级不得分</td><td></td><td></td></tr>
<tr><td>3</td><td rowspan="3">主观评分（15分）</td><td>5</td><td colspan="2">已加工零件倒角、倒圆、去毛刺是否符合图样要求</td><td></td><td></td></tr>
<tr><td>4</td><td>5</td><td colspan="2">已加工零件是否有划伤、碰伤和夹伤</td><td></td><td></td></tr>
<tr><td>5</td><td>5</td><td colspan="2">已加工零件与图样要求的一致性</td><td></td><td></td></tr>
<tr><td>6</td><td rowspan="4">职业素养（15分）</td><td rowspan="4">15</td><td colspan="2">能正确穿戴工作服、工作鞋、安全帽等劳动保护用品。每违反一项，扣2分</td><td></td><td></td></tr>
<tr><td>7</td><td colspan="2">能按机床使用规范正确进行开关机、对刀等基本操作。每误操作一次，扣3分</td><td></td><td></td></tr>
<tr><td>8</td><td colspan="2">能规范使用、保养工具、量具和辅具。每违反操作一次，扣3分</td><td></td><td></td></tr>
<tr><td>9</td><td colspan="2">能做好设备清洁、保养工作。不清洁、不保养，扣3分；保养不彻底，扣5分</td><td></td><td></td></tr>
<tr><td colspan="3">总配分</td><td>100</td><td>总得分</td><td colspan="2"></td></tr>
</table>